셰프를 위한 파인다이닝

장작불 요리

A to Z

일러두기

- 이 책에 실린 정보는 2023년 9월 시점의 일본 지역을 기준으로 하기 때문에, 한국의 사정과 맞지 않을 수 있습니다.
- 비용 관련 정보는 정확하게 전달하기 위해 일본 화폐 단위를 그대로 사용했습니다.
- 실제 조리할 때는 본인의 책임 아래 화재, 주변 사물의 인화, 주방 설비의 고장, 화상, 일산화탄소 중독 등에 반드시 주의하십시오. 만일 발생한 경우라도 이 책의 저작권자와 원서 출판사, 한국 출판사는 일절 책임지지 않습니다.

셰프를 위한 파인다이닝

장작불 요리

A to Z

그래픽사 편집부 지음 | 조수연 옮김

시그마북스
Sigma Books

셰프를 위한 파인다이닝 장작불 요리 A to Z

발행일 2024년 10월 1일 초판 1쇄 발행
지은이 그래픽사 편집부
옮긴이 조수연
발행인 강학경
발행처 시그마북스
마케팅 정제용
에디터 최연정, 최윤정, 양수진
디자인 강경희, 정민애

등록번호 제10-965호
주소 서울특별시 영등포구 양평로 22길 21 선유도코오롱디지털타워 A402호
전자우편 sigmabooks@spress.co.kr
홈페이지 http://www.sigmabooks.co.kr
전화 (02) 2062-5288~9
팩시밀리 (02) 323-4197
ISBN 979-11-6862-282-1 (13590)

料理人のための 薪火料理 A to Z
著者：グラフィック社編集部
This book was first designed and published in Japan in 2023 by Graphic-sha Publishing Co., Ltd.
This Korean edition was published in 2024 by SIGMA BOOKS through AMO AGENCY, Korea.

Original edition creative staff
Photos   Masahiro Goda(Maruta, TACUBO, kinon, Don Bravo), Takahiro Takami(bb9, Sakanaryori Nawaya, Alarde),
          Toshimitsu Sakamoto(antica locanda MIYAMOTO), Yuhei Ohyama(L'éclaireur), Masatoshi Uenaka(erre)
Photos(Cover)   Yuhei Ohyama, Masatoshi Uenaka
Interview & Writing   Tomoko Murayama(Maruta, Sakanaryori Nawaya, L'éclaireur, kinon)
                      Ikuko Matsumoto(TACUBO, Don Bravo), Ryoko Sato(erre, Alarde)
Design   hoop.(Yoshitada Arakawa, Mizuki Fujii, Ayaka Ishida)
Editing   Ayaka Waku(Graphic-sha Publishing Co., Ltd.)

들어가며

여러분은 '장작불로 만드는 요리'라 하면 어떤 것이 떠오르는가?

장작 화덕에 구운 피자, 아사도르라 하는 그릴 요리,

아니면 야외에서 즐기는 모닥불 요리인가?

지금 일본에서는 다양한 형태의 장작불 조리법을 도입해,

무궁무진한 요리를 탄생시키는 레스토랑이 늘고 있다.

이 책은 실제로 '장작불 조리'를 하고 있는, 혹은

앞으로 도입을 고려하고 있는 프로 요리사를 대상으로,

알아두어야 할 기초 지식, 조리 과정의 예시, 요리에 적용한 아이디어를 정리했다.

요리하는 이뿐만 아니라 먹는 이도

장작불 요리에 담긴 참맛의 비결을 알게 되는 데 도움이 될 것이다.

이 책을 참조로 자칫 '다루기 어렵다'라고 오해하기 쉬운 장작불을

많은 요리사가 자유자재로 다루게 되기를 진심으로 바란다.

"생각 이상으로 빨리 익는다"

"두툼한 고기, 덩어리 고기 조리에 최적이다"

"지방의 이점을 살릴 수 있다"

은은하고 뭉근한 열

"꽤 오래전부터 사용한 조리법"

"자연과 가까운 열원"

"익히는 방식의 응용법이 다양하다"

"장작 연기 특유의 향을 입힐 수 있다"

"원적외선의 효과로 겉면이 노릇노릇해진다"

"열이 주로 복사로 전달된다"

Contents

8

PART 3

장작불 요리에 관한 생각과 다양한 요리

PART 1

장작불 조리와 관련된
기초 지식

프로 요리사가 장작불 조리를 도입할 때

알아두어야 할 사항을 '실내에 있는 음식점의 요리사가 장작불을 이용해

다양한 재료를 조리하는' 사례에 주안점을 두고 해설한다.

음식점을 대상으로 화덕, 장작불 조리용 설비를 제작하며

요리사와 연구 기관과 협력 관계를 이루어 장작불 조리를 집중적으로 탐구하는 기업,

마스다벽돌㈜의 견해도 풍부하게 담았다.

감수: 마스다벽돌㈜   주소: 군마현 마에바시 이시쿠라마치 4-8-11

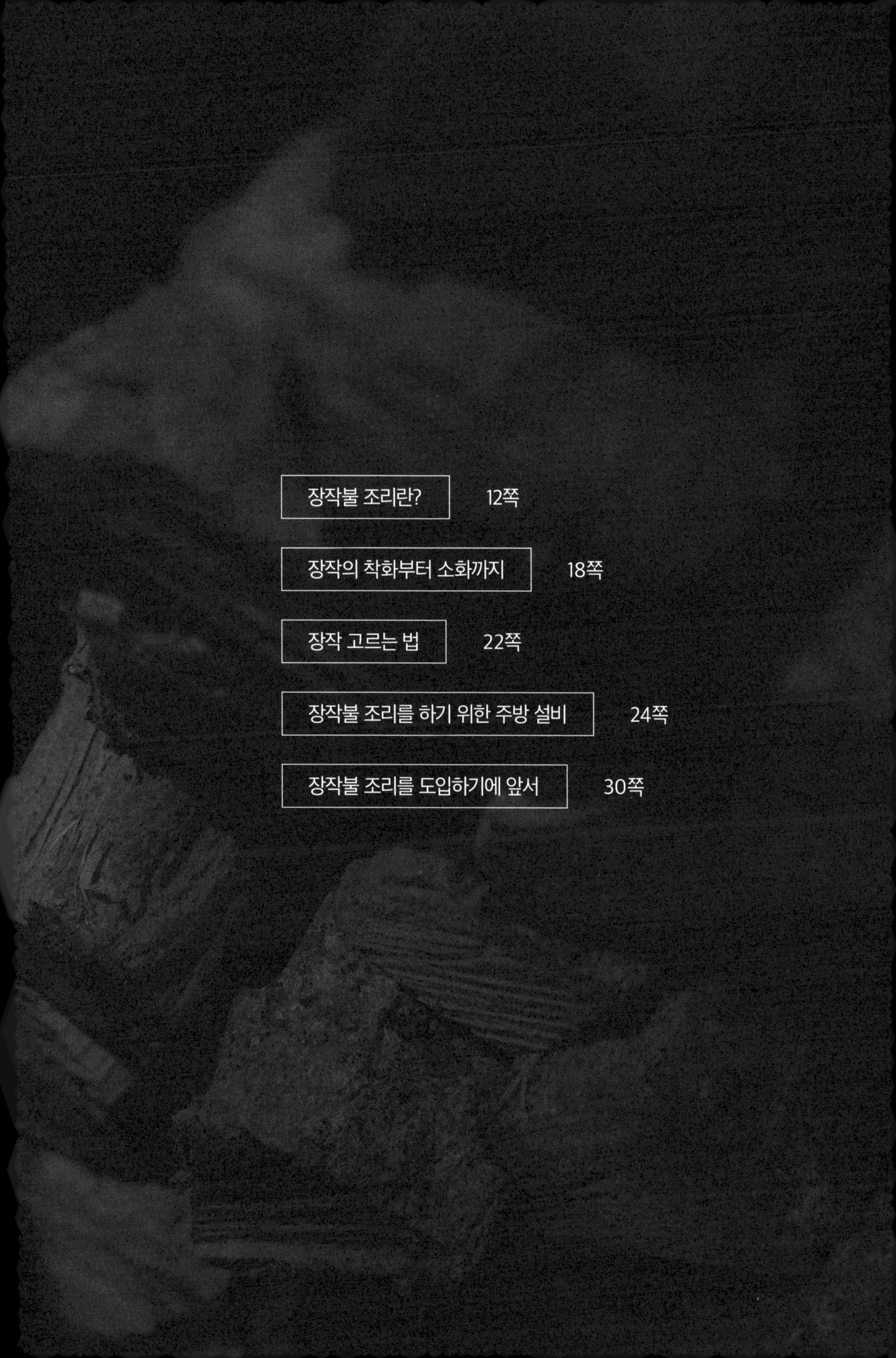

장작불 조리란?

장작을 태우면 일어나는 불꽃, 장작이 계속 타면서 만들어지는 잉걸불의 열로 재료를 가열하는 조리법을 말한다. 가열 이외에, 장작을 태울 때 발생하는 연기를 쐬어 특유의 훈연 향을 입히는 기법도 있다. 재료를 불꽃과 잉걸불 가까이에 대고 직화로 굽는 것, 장작 화덕, 장작 오븐, 장작용 난로 속 공간에 재료를 넣어 굽는 것이 주된 가열법으로, 장작불의 특징(14쪽 참조)이 가장 잘 드러난다. 그러나 실제로 장작불을 도입한 음식점에서는 열을 남김없이 효율적으로 활용하기 위해, 이외에도 다양한 연구 끝에 개발한 가열 조리법을 이용하는 경우가 많다.

장작을 열원으로

- 불꽃과 잉걸불로 직화 구이를 한다
- 장작 화덕과 장작 오븐 안에서 굽는다
- 냄비나 철판을 올려 간접적으로 가열한다
- 장작불로 데워진 공간에서 보온한다
- 잉걸불과 뜨거운 재에 재료를 올리거나 파묻는다
- 훈연한다
- 아궁이처럼 물을 끓여서 조리한다   등등

열을 전달하는 법

장작불뿐 아니라 열을 전달하는 방법에는 다음 세 가지가 있다. 재료를 가열할 때는 이들이 복합적으로 작용한다.

대류

뜨거워진 물과 공기, 기름의 대류로 그 속에 있는 재료가 가열된다

전도

고체 내부에 있는 열이 고온 쪽에서 저온 쪽으로 이동해 직접 재료에 전달된다

복사(방사)

열원에서 방사된 적외선을 재료가 흡수해 발열하면, 재료의 온도가 오른다

예를 들어 대표적인 장작불 조리법인 직화 구이는 **열원에서 나오는 열 대부분이 복사로 재료에 전달된다.** 복사 이외에는 뜨거워진 주변 공기의 대류, 그릴, 석쇠, 쇠꼬치 등을 사용한다면 그 소재를 통한 전도로도 전달된다. 장작 화덕과 장작 오븐을 이용한 가열은 조리 설비의 형상과 소재에 따라 다르지만, **장작불과 데워진 화덕 내부의 벽면에서 나오는 복사열을 중심으로, 여기에 뜨거워진 공기의 대류가 더해져** 효율적으로 재료를 익히는 구조이다.

원적외선이란?

장작의 불꽃과 잉걸불로 하는 가열은, 여기서 방사되어 재료에 도달하는 원적외선과 깊은 관련이 있다.

적외선은 전자파의 일종으로, 물질에 흡수되면 열로 바뀌어 물질의 온도를 올리는 작용을 한다. 파장의 길이에 따라 근적외선, 중적외선, 원적외선으로 나뉘는데, 장작불로 재료를 가열하는 데 주로 관련된 것이 파장이 긴 원적외선이다. **원적외선이 장작불에서 방사되어 재료에 도달하면 재료 겉면에 흡수되어 온도가 빠르게 오르고, 수분이 증발해 구운 색이 잘 나는 동시에 겉면에 고소한 맛이 난다.** 그런데 재료의 아주 얇은 겉면은 효율적으로 가열되는 반면, 원적외선이 속까지 침투하지 않기 때문에, 겉면에서 전달되는 전도열로 익는다. 따라서 **장작 자체에서 강한 열이 발산되어야 재료의 속까지 제대로 가열된다.**

또한 식품 건조기에 이용되는 근적외선은 식품 겉면의 몇 밀리미터 속까지 침투해 발열하므로, 겉면이 잘 타지 않아서 구운 색을 내지 않으려는 가열 조리에 적합하다.

column

요리사가 생각하는 장작불 조리에 특히 어울리는 재료

셰프들이 직접 경험한, 장작불로 구울 때 느껴지는 풍미와 질감이 특히 잘 어울리는 재료는 무엇일까? 이 책의 PART 2와 PART 3에 나오는 셰프들이 꼽은, 장작불 조리에 적합한 재료는 다음과 같다.

▸ 말린 흰살생선

▸ 숙성해서 풍미가 응축된 고기(소, 오리 등)

▸ 푸른 콩류 (누에콩, 풋콩 등)

▸ 쌀

▸ 마블링이 적은 교잡우의 살코기 부위

▸ '다타키'에 어울리는 붉은살생선 (가다랑어, 참치 등)

▸ 기름이 오른 흰살생선

▸ 녹색 채소 (시금치, 청경채, 유채, 케일, 그린 아스파라거스 등)

▸ 캐비아

▸ 통으로 구우면 맛있는 채소 (양파, 당근, 감자, 고구마 등)

▸ 새우

▸ 그을린 풍미가 어울리는 채소 (피망, 파프리카, 순무 등)

▸ 레어로 먹을 수 있는 고기 (소, 어린 양 등)

▸ 지방이 적은 소고기

▸ 맛이 진한 고기 (소, 멧돼지, 사슴, 오리, 호도애 등)

▸ 오징어

장작불 조리 특징

✓ **원적외선** 효과로
재료의 겉면이 **바삭하고 고소해진다**

✓ 같은 나무로 만든 **숯불보다도 열이 뭉근**해서
재료가 잘 마르지 않고, 고기의 근섬유가
잘 수축하지 않는다

✓ **불꽃에서 잉걸불**로 변하는 시간이 짧고,
열의 질도 변하기 때문에
필요에 따라 구분해서 쓸 수 있다

장작은 착화·소화하는 동안 상태와 온도가 급격히 변화해서, **장작불 조리라 하면 한 마디로 '어느 단계의 장작불을 사용할지'가 재료를 익히는 것에 크게 좌우한다.** 기본적으로는 주로 안정적으로 타고 있는 불꽃이나 벌겋게 피어오른 잉걸불로 재료를 가열하는데, 장작에서 **불꽃이 일어나기 시작해 잉걸불이 되어 다 타기까지,** 조리하는 영역의 공간 온도 범위는 대개 **350~650℃**(수종과 사용 환경에 따라 다름)이다. 장작불은 상태에 따라 열의 질도 변하므로 불꽃 직화, 잉걸불 직화, 멀리 떨어진 잉걸불 등 다양한 형태의 열을 이용할 수 있는 열원이다.

장작불 조리는 12쪽에서 설명한 복사로 대부분 열이 전달된다. **복사는 열이 곧장 재료에 도달하기 때문에 대류와 전도보다도 직접적이고 효율적인 가열법이다.** 복사로 전달되는 원적외선(13쪽 참조)이 재료 겉면에 흡수되어 온도가 오

✓ 연기를 쐬어 **훈연하는 조리**가 가능하다

✓ **사용 환경과 연소 기술**에 따라
열량과 온도가 크게 바뀌어,
폭넓은 기법과 온도대로 가열할 수 있다

✓ 주로 **복사**로 열이 전달되어,
가스와 전기보다 **열효율이 높다**

르면서 겉면이 빠르게 바삭하고 고소하게 익는 것이 특징이다. 본래 복사열로 재료를 가열하는 원리는 같은 나무로 만들어진 숯불과 유사하나, **장작불은 숯불에 비해 열이 은은하고 뭉근하다.** 그래서 재료 속이 천천히 익어, **덩어리가 큰 재료라도 겉은 노릇노릇 고소하고, 속은 수분이 보존되어 촉촉하게 구울 수 있다.** 하지만 재료를 알루미늄 포일로 감싸면 적외선이 차단되므로, 장작불 고유의 효과가 떨어진다.

연기는 장작이 불완전연소 상태일 때 발생하는데, 장작에 불이 제대로 붙지 않았을 때, 잉걸불에 수분이 떨어져 표면 온도가 낮아졌을 때, 급배기의 균형이 맞지 않아 화력이 급격히 저하됐을 때 연기가 생긴다. **이 연기를 재료에 쐬면 특유의 훈연향을 입힐 수 있다.**

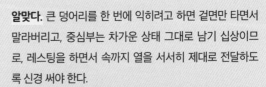

다른 열원과의 비교

숯의 특징

- ☑ 연소할 때 수분이 발생하지 않아, 굽고 나면 재료의 겉면이 말라 있기 쉽다

- ☑ 복사로 열이 전달되는 원적외선의 효과를 크게 얻을 수 있어, 재료 겉면이 아주 고소해진다

- ☑ 연기가 적고, 장시간 동안 안정된 화력이 유지된다

- ☑ 표면 온도는 500~1100℃로, 매우 고온이다

숯은 나무를 간접 열로 탄화시킨 것을 말한다. 주로 직화 구이에 사용하며, 벌겋게 달아오른 표면에서 방사되는 적외선의 복사열로 재료가 가열된다. **연소할 때는 수분이 발생하지 않아 굽고 나면 바싹 말라 있기 쉽지만, 재료의 겉면 부근에서 열로 변하는 원적외선 효과로 겉면이 아주 고소해진다.** 숯 하나하나의 열량이 커서, 재료 겉면의 열이 전도에 의해 속까지 빠르게 전달되는 것도 특징이다. 재료 겉면이 마르기 쉬워서, 기름기가 있어 쉽게 퍼석해지지 않는 재료를 익히는 편이 낫다. 또한 **장작 이상으로 온도가 높아서 쉽게 타기 때문에 단시간에도 잘 익는 작은 덩어리를 굽기에** 알맞다. 큰 덩어리를 한 번에 익히려고 하면 겉면만 타면서 말라버리고, 중심부는 차가운 상태 그대로 남기 십상이므로, 레스팅을 하면서 속까지 열을 서서히 제대로 전달하도록 신경 써야 한다.

숯은 탄소가 주성분이라 생나무인 장작보다 불순물이 적고, **재료를 굽는 도중에 수분이 떨어지지 않으면 연기가 나지 않기 때문에, 불필요한 향이 잘 배지 않는 것도 장점이다.** 다만 온도가 높을 때 기름이 떨어지거나 공기의 공급량이 너무 많으면 불길이 일어나고 그을음이 생겨 거북한 맛이 난다.

 마스다벽돌㈜의 조언

장작 이외의 열원은 앞서 언급한 숯, 가스, 전기가 있습니다. 이 세 가지는 **장작보다 익힘 정도를 조절하기 편하고, 준비하는 수고가 들지 않는 점이 공통된 특징입니다.** 특히 가스와 전기는 다루기 쉬워서 재료를 균일하게 조리할 수 있는 것이 하나의 장점이기도 하지요. 그런 점에서 장작은 **장작불이기에 가능한 가열 방식으로 맛을 표현하고 향을 낼 수 있는 반면에, 장작불 자체의 상태와 온도가 빠르게 변해서 잠시도 한눈을 팔 수 없는 열원입니다.** 날씨와 계절에 따라 장작불의 상태가 달라지는 일도 잦은데, 그 다양성을 조리에 반영할 수도 있는 것이 특징입니다. 그래서 **조리하**

가스의 특징

☑ 강한 화력이 안정적으로 방출된다

☑ 직화 구이보다는 간접적으로 익히기에 적합하다

주로 가스 그릴, 가스레인지, 가스 오븐으로 쓰인다. 가스 불의 온도가 가장 높은 부분이 1900℃가 넘기도 할 만큼, 매우 고온이고 아주 강력한 열원이다. 다만 **불꽃에서 복사가 거의 일어나지 않아 직화 구이로는 그다지 유용하지 않고, 가스 불로 뜨거워진 주위 공기의 대류열과 냄비, 프라이팬 등 재료를 올리는 도구의 전도열로 가열되는 경우가 많다.** 가스 불 위에 항화석 같은 세라믹을 놓고 그 위에서 재료를 구우면, 거기에서 발생하는 원적외선과 같은 복사열로도 가열할 수 있다.

가스가 직화 구이가 아닌 간접적으로 익히기에 적합한 이유는 이외에도 **연소시킬 때 나오는 수증기가 재료에 닿으면 표면 온도가 떨어져** 고소한 맛이 덜하다는 점, 가스 누출을 쉽게 방지하고자 주입한 특유의 냄새 때문에 **불완전연소 상태로 재료를 구우면 가스 냄새가 밴다**는 점을 들 수 있다.

전기의 특징

☑ 전기를 출력할 때만 일정한 열량이 유지된다

☑ 이산화탄소와 배기가스가 나오지 않는 깨끗한 열원

전기로 가열하는 조리 기기는 인덕션 히터, 원적외선 히터, 전기 오븐, 저온 조리기 등 **다양한 종류가 있는데, 주요 열 전달법도 기기에 따라 복사, 대류, 전도와 다르다.** 전자레인지는 방출되는 전파로 식품과 수분 자체가 발열해 데워지는 구조이다. 주방 설비에 따라 다르지만 출력이 제한되어 있어 장작, 숯, 가스보다 열량이 적은 경우가 많아서 **은은하고 뭉근하게 가열된다.** 또한 일반적인 전기 히터의 표면 온도는 약 600℃이다.

전기는 출력하는 동안에는 일정한 열량이 유지되므로 익힘 정도를 조절하기 편한 것이 큰 장점이다. **연소로 발열하지 않기 때문에 이산화탄소와 배기가스가 발생하지 않는 것도 특징이다.**

는 이가 '재료를 익히는 명확한 목적', 즉 재료를 장작불로 구워서 어떤 요리를 만들어 낼 것인지 확실한 이미지를 구축해야 매번 일정한 결과물을 낼 수 있습니다. 다시 말해 장작을 구입하고 장작불 설비를 도입하는 단계에서 본인이 지향하는 조리법을 확립하지 않으면, 장작불을 효율적으로 제대로 활용하지 못하는 결과에 이르기도 합니다. '장작불로 구우면 무조건 맛있다'라는 막연한 생각으로 장작불을 도입하는 분도 많은데, 다른 열원도 이해한 후에 **'내가 표현하려는 맛은 무엇일까? 그것을 실현하려면 왜 장작불이 꼭 필요할까?'** 하고 곰곰이 생각해보길 바랍니다.

장작의 착화부터 소화까지

여기서는 장작에 불을 붙이는 것부터 불이 꺼질 때까지 일련의 상태, 일반적인 순서, 주의점을 설명한다.

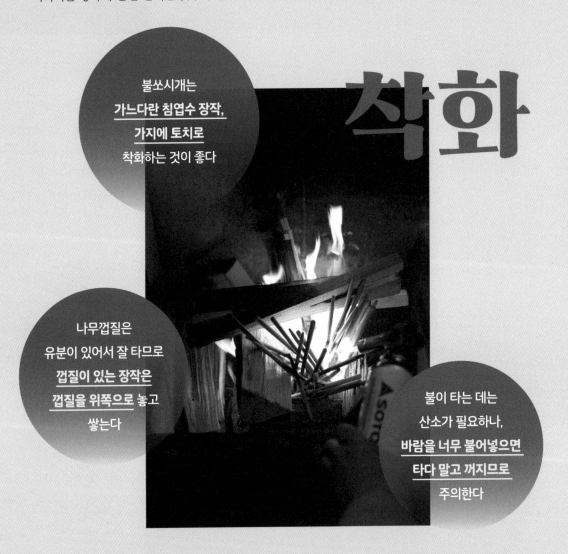

착화

불쏘시개는 **가느다란 침엽수 장작, 가지에 토치로** 착화하는 것이 좋다

나무껍질은 유분이 있어서 잘 타므로 **껍질이 있는 장작은 껍질을 위쪽으로 놓고** 쌓는다

불이 타는 데는 산소가 필요하나, **바람을 너무 불어넣으면 타다 말고 꺼지므로** 주의한다

착화는 장작을 쌓아서 불을 붙이는 작업을 말한다. 불이 타기 위해서는 산소를 충분히 공급해야 하므로, 장작끼리 간격을 두고 우물 정자로 쌓는 것이 일반적이다. 하고자 하는 조리에 필요한 장작의 수종, 개수, 길이(22쪽 참조)를 고려하고, 조리 도중 장작의 열량이 부족해지는 사태가 일어나지 않게 주의해야 한다. 굵은 장작은 잘 타지 않으니 처음에는 가느다란 장작~중간 굵기의 장작을 사용한다. 가운데에 아주 가느다란 장작이나 나뭇가지, 나무젓가락을 불쏘시개로 넣고, 거기에 불을 붙이면 원활하게 착화할 수 있다. 또한 침엽수는 불이 잘 붙어서 단시간에 많은 발열량을 얻을 수 있어 불쏘시개로 적합하다. 점화에는 토치가 편리하고, 장작 화덕은 점화할 때 화덕 안의 벽돌을 함께 가열하면 내부가 뜨거워져 장작에 점화가 잘되는 온도로 올라서 연기만 날 일이 없다. 시판 착화제를 사용하는 것도 좋지만, 불이 붙으면 착화제를 더 넣지 말고 알코올과 석유 연료는 절대 쓰지 않는다. 불이 붙었을 때 장작이 최대한 불완전연소가 되지 않게 신중히 불길을 퍼뜨리면, 연기와 불쏘시개용 장작의 사용량을 줄일 수 있다.

불을 붙인 후, 장작이 약 90~100℃가 될 때까지는 속에 있는 수분이 증발하고, 150~260℃ 이상이 되면 가연성 가스를 내뿜으며 연소하기 시작한다. 그 후 약 500~600℃에서 불이 활활 타오르므로, 불길이 안정된 타이밍에 굵은 장작을 새로 투입하면 대부분 효율적으로 태울 수 있다. 다만 장작불 조리용 설비는 상정된 장작 연소량에 대한 급기량과 배기량을 계산해서 만들어졌기 때문에, 장작을 규정량보다 많이 태우면 배기 후드 내부 온도가 상승해 연통 내부 화재를 일으키는 원인이 되므로 주의해야 한다. 불꽃을 쬐어 조리할 경우, 충분히 타오르는 불꽃의 끝에 재료를 댈 것을 권한다. 불꽃 속은 원적외선과 근적외선이 혼재해 재료가 고루 구워지지 않고, 직접 불꽃에 닿으면 지져지면서 타버리고 만다. 불꽃이 장작에 가까운 부분은 중심부와 마찬가지로 재료가 타기 쉽고, 장작에서 방출되는 가스의 냄새가 배기 때문에 피하는 것이 좋다. 또한 불완전연소 상태의 장작에서는 연기가 나는데, 그 연기를 쐬면 열과 함께 향이 재료에 침투되어 훈연향이 난다.

장작을
설비의 규정량보다
많이 태우면
연통 내부 화재를 일으키는
원인이 되므로 주의한다

공기를 머금은
은은한 잉걸불을 만들고 싶다면
장작을 세우고,
숯에 가까운 단단한 잉걸불을
만들고 싶다면 가로로 놓고
태운다

불꽃

탄화한 잉걸불과
방금 만들어진 잉걸불이
혼재하면 **재료가
고르게 구워지지 않으므로**
주의한다

잉걸불

잉걸불에
**수분이 닿으면 연기가,
많은 기름이 닿으면
불꽃**이 일어난다

잉걸불은 불꽃이 잦아들고 심지가 붉게 빛나는, 숯불처럼 '불꽃이 일어나지 않는 불'의 상태를 말한다. 부채나 풀무로 바람을 불어넣으면 공기가 닿아 연소가 촉진되어 화력이 강해지나, 그만큼 빨리 다 타버린다. 반대로 공기의 공급량을 억제하면 연소가 촉진되지 않아 잉걸불 상태를 오래 유지할 수 있다. 잉걸불의 표면 온도는, 잉걸불용으로 적합한 활엽수로 예를 들면 졸참나무와 너도밤나무는 약 550℃, 떡갈나무와 상수리나무는 약 650℃이다. 온도가 높아서 새 장작을 보충하면 바로 착화해 타기 시작한다. 밀도가 낮고 거칠면서 폭신폭신하고 은은한 잉걸불을 만들려면 장작을 세로로 기대 세워서 태우고, 매우 단단하고 밀도가 높으며 숯에 가까운 잉걸불을 만들려면 가로로 쌓아서 태운다. 전자는 온도가 낮고 열이 은은하며, 후자는 온도가 높고 열이 강하다. 잉걸불에 수분이 닿으면 온도가 떨어지면서 불완전연소 상태가 되어 연기가 피어오르기 때문에, 훈연 조리도 가능하다. 또한 재료에서 기름이 많이 떨어지면 온도가 오르면서 불꽃이 일어나 재료에 그을음이 묻는다.

잉걸불은 단단하고 치밀한 잉걸불과 공기를 머금어 거칠고 부드러운 잉걸불, 잉걸불이 되고 시간이 조금 지나서 탄화한 것, 방금 만들어진 잉걸불, 어느 정도 장작의 형태를 유지한 잉걸불, 잘게 부서진 잉걸불 등 **다양한 형태가 있는데, 열 전달법은 각각 다른 듯합니다.** 요리사의 생각에 따라 다르겠지만, 재료를 원하는 정도로 익히고 싶을 때는 수종과 성질이 서로 다른 잉걸불과 크기가 다른 잉걸불을 섞지 않는 편이 좋습니다. **같은 형태끼리 사용해야 잉걸불의 열 전도력과 복사열이 안정되어, 원하는 조리를 정확히 실현할 수 있기** 때문입니다.

잉걸불을 그대로 방치하면 서서히 하얀 재가 덮이고, 마지막에는 다 타서 모두 재가 된다. 조리를 마치면 재가 될 때까지 모두 태우거나, 사그라진 잉걸불을 소화통에 담아서 전용 뚜껑을 덮어 끄는 질식소화를 하고, 완전히 온도가 떨어지면 처분한다. 기본적으로는 일반 쓰레기로 처분할 수 있으나, 구별 방법은 지역에 따라 다르므로 반드시 확인해야 한다.

재는
아직 열기가 남아있어서,
그 열을 조리에 재활용하는
요리사도 있다

하얀 재를 뒤집어쓴
잉걸불에 바람을 일으키면
재가 날려서
재료에 묻으므로
주의한다

소화

장작 고르는 법

나무는 수종에 따라 장작으로 쓸 때 각각의 성질이 크게 다르다. 예외는 있지만, 활엽수는 침엽수보다 열분해 속도가 느리다. 그리고 침엽수가 순간적으로 높은 열을 내며 금세 다 타버리는 것에 비해, 활엽수는 천천히 열을 내어 불에 지속성이 있다. 이것은 수종에 따른 용적 밀도의 차이 때문이다. 쉽게 말해 용적 밀도가 낮고 속이 성글어 틈이 많은 침엽수는 불이 잘 붙고 쉽게 타기 때문에 불쏘시개용으로 적합하다. 용적 밀도가 높고 치밀한 활엽수는 불은 잘 붙지 않지만 한 번 붙으면 오래 타기 때문에 잉걸불용으로 적합하다. 이러한 성질을 이해하고 구분해 쓰도록 하자. 이는 장작의 무게와 경도와도 직결되는데 같은 체적이라도 일반적으로 침엽수가 가볍고 부드러우며, 활엽수는 무겁고 단단하다. 수종뿐만 아니라 장작의 굵기와 길이도 중요하므로 수종, 굵기, 길이를 지정할 수 있는 장작 구입 경로를 선정하는 것이 바람직하다. 또한 주요 열원용 장작과 함께 벚나무, 사과나무, 포도나무 등 향이 좋은 나무의 장작과 가느다란 가지를 향을 입히는 용도로 쓰는 곳도 많다.

조리용으로 자주 쓰이는 수종

활엽수

졸참나무	참나무로 알려진 가장 보편적인 수종으로, 불이 오래가는 것이 특징이다
물참나무	섬유질이 치밀하고, 수분 함유량이 낮은 것은 화력이 매우 강하다
상수리나무	화력이 매우 강하고, 같은 참나무류이지만 위의 두 나무보다 온도가 더 올라간다
떡갈나무	화력이 매우 강해 온도가 높아서 잉걸불 온도도 높게 유지된다

침엽수

삼나무	저렴하게 구할 수 있어 불쏘시개용으로 가장 널리 쓰이고, 독특한 냄새가 난다
편백	불이 잘 붙고 향이 좋은 것이 특징이다
소나무, 잎갈나무	기름 성분이 많아서 착화하기 쉽고 잘 타며, 삼나무와 편백보다 불의 지속성이 조금 더 좋다

---

column

가공 장작이란?

자연 장작을 세분화해 압축한 가공 장작 또는 목재의 톱밥을 장작 모양으로 고압에서 굳힌 연료를 말한다. **오염과 해충이 생기지 않아 위생적**이고, **크기가 일정하며, 표면 끝이 갈라지지 않아** 외관이 매끈해서 상처를 입을 위험이 적은 것이 장점이다. 소재가 치밀하게 압축되어 **불이 오래가고, 강한 열량이 발생해 장시간 타는 것이 특징**이다. 예를 들어 함수율이 약 15%인 장작의 발열량은 보통 4600~5300kcal/kg인데, 압축된 가공 장작은 함수율이 낮아서 **한층 더 높은 열효율을 기대할 수 있다**. 그러나 가공 시 석유계 이형제가 쓰인 제품은 석유 냄새가 나고, 장작 화덕을 손상시키는 원인이 되기 때문에 피해야 한다.

장작의 선정과 사용 시 포인트

1 충분히 건조되어 있는가?

수분이 많은 장작은 잘 타지 않아서 연기가 많이 발생하고 주변 설비에 그을음이 쌓이기 쉬우므로, 속까지 제대로 마른 장작을 사용한다. 장작의 수분 함유량은 15~20%가 기준이다. 이 수준까지 건조된 것을 구입하거나, 구입 후 한동안 두고 건조한다(1년 이내가 기준). 일반적으로 침엽수가 빨리 마르며, 활엽수는 오래 걸리는 수종이 많다.

2 장작의 상태가 위생적인가?

보관 장소에 따라 장작의 상태가 나빠지는 경우가 있다. 사용할 때는 썩은 부분이 없는지, 곰팡이나 벌레가 먹지 않았는지 눈으로 확인하자. 보관 장소는 장작이 비에 젖지 않고, 습기가 적어 곰팡이가 잘 생기지 않으며, 벌레가 침입하지 않는 장소가 적절하다.

3 어느 지역에서 온 장작인가?

지방의 음식점은 점포가 위치한 지역에서 생산한 장작을 사용하는 경우가 많다. 지역색을 드러내면서 배송비와 운송에 의한 환경오염을 줄일 수 있기 때문이다. 시판품 사용 외에 지역 농가에서 구입하거나, 점포가 위치한 지역 안에서 자라는 나무를 장작으로 사용하거나, 삼림조합에서 구입하는 것이 주요 입수 경로이다.

4 장작의 굵기는 적당한가?

가느다란 장작은 체적에 대한 표면적이 넓다. 다시 말해 공기에 닿는 부분이 넓어서 연소가 원활해, 빨리 타고 빨리 꺼진다. 굵은 장작은 체적에 대한 표면적이 좁아서 불이 주변에 잘 번지지 않고 천천히 탄다. 착화 시 또는 최대한 빨리 잉걸불로 만들고 싶을 때는 가느다란 장작을, 안정된 불꽃으로 대량의 잉걸불을 만들고 싶을 때는 굵은 장작을 사용하면 된다.

5 껍질이 붙어 있는가?

나무껍질에는 기름 성분이 있어서, 껍질이 붙은 장작이 더 잘 탄다. 또한 태울 때 향이 더 강해서, 장작 특유의 향을 진하게 입히고 싶을 때는 껍질이 붙은 것을 고르면 된다.

6 유해 물질이 들어있지 않은가?

연료로 판매되는 장작을 사용하면 문제없지만, 장작을 직접 조달할 경우, 유해 물질이나 알레르기 반응을 일으킬 가능성이 있는 물질이 든 수목은 피해야 한다. 또한 접착제나 도료가 묻어있는 폐자재를 태우면 유해 물질이 발생할 우려가 있으므로 사용해서는 안 된다.

장작으로 쓰면 안 되는 것의 예시
- × **협죽도**(유독 물질을 포함)
- × **옻나무류**(알레르기 물질을 포함)
- × **검양옻나무**(알레르기 물질을 포함)
- × **폐자재**(유해 물질이 들어있을 가능성이 있음)

 마스다벽돌㈜의 조언

보통 유통되는 장작은 30cm(난로용)~46cm(피자 화덕용) 제품이 많은데, **연기를 줄이려는 도심의 점포에 추천하는 것은 20~30cm의 짧은 장작입니다.** 긴 장작은 태울 때 장작 속에서 온도 차가 생겨서 전체를 충분히 태워 잉걸불로 만드는 데에 시간이 걸리고, 그만큼 연기도 많이 납니다. 반면에 **짧은 장작은 장작 전체에 온도 차가 잘 생기지 않아 연기가 적고 균일하게 타서 빠르게 잉걸불을 만들 수 있습니다.** 잉걸불의 양을 조절하기도 편하니, 장작을 대량으로 태워 잉걸불을 많이 만드는 점포가 아닌 이상 짧은 장작을 권합니다.

장작불 조리를 하기 위한 주방 설비

장작불 조리를 하기 위해 필요한 것은 '장작을 태워 잉걸불을 만드는 설비(공간)'와 '완성된 잉걸불로 재료를 가열하는 설비(공간)'다. 대형 장작용 난로 안에 두 가지 설비(공간)를 인접해 설치하는 점포도 있고, 독립된 장작 화덕에서 잉걸불을 만들어 다른 곳에 있는 구이대에 옮겨 재료를 가열하는 점포도 있다. 거기에 추가로 재료를 훈연하거나 보온하는 공간을 설치하는 형태이다. 음식점에서는 초소형 제품 또는 기성품 장작 화덕을 제외하면, 장작불 조리용 설비와 기기를 대부분 주문 제작한다. 일반 아웃도어용 제품은 실내 사용과 전문가가 하는 조리에 특화되어 있지 않으므로, 저렴해도 사용하기 적절하지 않다. 따라서 장작 화덕과 화덕 스토브 제작소, 철공소, 점포 시공사에 희망하는 설비를 의뢰해 특별 주문 제작하는 경우가 많다. 그 외에 주방과 장작불 조리용 설비 주변에 있는 급배기 시스템을 정비해야 하므로, 장작불을 도입하기로 했다면 조리 설비를 발주하기 전에 먼저 점내의 환기 설비 구조를 체크해야 한다. 그다음 점포가 위치한 지역을 관할하는 소방서, 보건소 등의 관련 기관에 설치 조건을 확인한다. 같은 조건이라도 지역에 따라 허가 여부와 지침이 다르기도 하므로, 다른 점포의 예시를 그대로 따르지 말고 반드시 본인의 점포가 위치한 지역의 관련 기관과 상담해야 한다.

장작불 조리용 설비의 예시

장작용 난로

벽돌로 만든 조리용 난로이다. **장작의 불꽃과 잉걸불뿐만 아니라 주변의 벽돌에서 나오는 복사열로도 가열되기 때문에 열을 효율적으로 쓸 수 있다.** 익힘 정도를 섬세하게 조절하기 위해 장작에서 나오는 열만으로 재료를 익히고 싶다면, 열을 복사하는 소재를 둘러싸지 않는 형태로 만들면 된다. 난로는 앞면이 열려 있는 개방식이 많은데, **손님이 자리에서 불꽃과 조리하는 모습을 보기 편한 것도 장점이다.** 다만 열린 부분(개구 폭과 높이)을 크게 만들면 그만큼 급배기량도 늘려야 해서 전체 비용이 증가한다(급배기에 대한 내용은 28쪽 참조).

'기논'의 난로(자세한 내용은 159쪽)

'타쿠보'의 난로(자세한 내용은 115쪽)

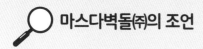
마스다벽돌㈜의 조언

장작용 난로와 장작 화덕의 소재인 벽돌은 크게 내화 벽돌과 내화 단열 벽돌로 나뉩니다. 내화 벽돌은 **밀도가 높아 직화에 강하고 약간의 축열성과 내구성이 있으며, 매우 강한 복사열이 방사되는 것이 특징입니다.** 내화 단열 벽돌은 **열전도율이 낮고 단열성이 있어서, 난로 또는 화덕 안에서 방출되는 열을 효율적으로 사용할 수 있습니다.** 다만 열이 바깥으로 방출되게 만들면 열이 빠져나와서, 설비 외장에 손을 대기 힘들 정도로 뜨거워집니다(이는 설비 제작 업체가 주의해야 할 사항입니다). 그래서 **벽돌 난로는 바깥쪽에 내화 벽돌을 설치하고, 안쪽은 내화 단열 벽돌로 빙 둘러싸는 형태가 대부분입니다.** 아울러 저희는 이외에도 복사열이 은은하고 뭉근한 '화덕용 벽돌'을 조합해서 제작해, 요리사가 원하는 열 전달법을 실현하도록 도움을 드립니다.

장작 화덕

장작불 설비 중에서 **열효율이 가장 높아서, 250~500℃ 이상의 매우 높은 온도를 낼 수 있다.** 돔형과 문이 달린 사각형이 있는데, 두 가지 모두 장작의 잉걸불과 불꽃뿐만 아니라 벽돌의 복사열이 더해져, 뜨거워진 공간의 대류열로도 재료가 익는다. 열효율이 높아서 **장작 사용량은 적지만, 재료와 장작이 많은 열을 단시간에 받는 것에 유의해야 한다.**

후쿠이시의 프랑스 요리 전문점 '레 쿠'에 있는 마스다벽돌㈜ 제작 장작 화덕이다. 화덕 내 용적이 넓어서 다양한 장작불 조리가 가능하다.

군마현 기타카루이자와에 있는 캠프 시설 '기타카루이자와 스위트 글라스' 내의 '돌화덕 별장 MUGI'에는 마스다벽돌㈜이 제작한 전문가 사양의 돔형 장작 화덕이 설치되어 있다. 요리사가 시험 조리를 하러 숙박을 하러 오기도 한다.

'베베쿠'의 장작 화덕(자세한 내용은 91쪽)

장작 구이대

벽돌과 벽으로 둘러싸지 않고, 주방 내부 공간에 구이대만 설치하는 형태를 여기서는 편의상 '장작 구이대'라 부른다. **아래에 잉걸불을 깔고 그 위에 그릴이나 석쇠에 올려서 재료를 가열하는 단순한 형태**로, 주변에 열을 복사하는 소재가 없어서 **아래에 깔아둔 잉걸불의 열량과 잉걸불과 재료 사이의 거리로 익힘 정도를 조정한다.** 장작을 따로 태우지 않는 한, 장작 화덕과 장작 오븐과 같은 별도의 설비로 잉걸불을 만들어야 한다.

'베베쿠'의 장작 구이대(자세한 내용은 91쪽)

'돈 브라보'의 소형 장작 구이대(자세한 내용은 171쪽)

소형 장작 구이대

가동식으로, 좁은 공간이나 가스레인지 위에도 설치할 수 있는 소형 장작 구이대이다. 비교적 저렴해서 쉽게 도입할 수 있는 것이 큰 장점이다. 풍로처럼 안에서 장작을 태워 잉걸불을 만들고 그 위에 그릴이나 석쇠를 올려서 굽는 제품도 있고, 장작 화덕과 같은 별도 설비에서 만든 잉걸불을 넣어 재료를 굽는 잉걸불 조리에 특화된 더욱 작은 제품도 있다. 왼쪽 사진의 기기는 후자로, 잉걸불과 재료 사이의 거리를 4단계로 조절할 수 있어 가까운 불부터 먼 불까지 만들어낼 수 있다.

 마스다벽돌㈜의 조언

설비의 크기와 사용하는 소재, 급배기 시스템의 상황에 따라 크게 달라지지만, **장작불 조리용 설비 본체 비용은 대개 약 30만엔부터 500만엔까지 범위로 책정됩니다.** 어디까지나 당사 금액이지만, 소형 장작 구이대는 30만엔부터, 돈형 장작 화덕은 200만엔부터, 구이대도 마련된 장작용 난로는 300만엔부터가 기준입니다. **여기에 주변 급배기 설비 비용도 포함해 예산을 짜야 합니다.** 또한 도입하는 조리 설비가 공업용 고온 가열 장치로 간주되지 않아야 하고, '시설'이 아닌 '설비'로 인정받아야 소방서에서 도입 허가를 받기 편합니다. **공업용 고온 가열 장치나 시설로 판단되면 도입 조건이 까다로워지는 경우가 많습니다.** 이에 대해 제작사와 충분히 상담하길 바랍니다.

장작 오븐

안에서 장작을 태워 잉걸불을 만들거나, 재료를 넣어 구울 수 있다. **내부에서 장작을 태우기 때문에, 불꽃과 연기가 강하게 피어올라도 개방형 설비보다는 연기가 주방으로 잘 새어 나오지 않는다.** 또한 오븐 내부 벽에서 나오는 복사열로 화력이 강해져, 장작을 효율적으로 태울 수 있다. 다만 재질에 따라 다르지만, 벽돌 난로와 장작 화덕에 비해 단열성이 낮은 경우가 많아서, 열이 다소 밖으로 빠져나가기도 한다. 안에 재료를 넣어 구우려면 불길이 일어난 상태에서는 타기 쉽고 고르게 구워지지 않으므로, **그을음과 연기의 향을 의도적으로 내고 싶을 때를 제외하면, 불길이 가라앉은 잉걸불이 된 후에 재료를 넣는 것이 좋다.**

'생선과 채소 요리 나와야'의 장작 오븐
(자세한 내용은 103쪽)

어떤 설비와 기기를 사용할지 정하기에 앞서, 제작사에 전달해야 할 사항의 예시

☑ 주방의 넓이, 설치 가능한 위치

☑ 소방서와 보건소 등의 관련 기관에서 제시하는 조건·지침 내용

☑ 입점하는 건물의 급배기 시스템 구조

☑ 조리에 장작불 이외의 복사열을 이용할 것인가?

☑ 장작불과 가열하는 재료 사이의 거리를 세밀하게 조절할 것인가?

☑ 손님에게 조리하는 모습과 불꽃을 보여줄 것인가?

☑ 재료를 보온, 훈제하는 전용 공간이 필요한가?

☑ 피자를 구울 것인가?

☑ 참고하려는 다른 점포의 설비가 있다면, 그 설비의 어느 부분을 어떻게 참고할 것인가?

그외

주변 설비의 예시

급배기 시스템

장작의 불꽃과 잉걸불을 계속 태우려면 산소를 항상 공급해야 한다. 그래서 장작불 조리에는 **조리 중 공간에 가득 찬 연기를 배출하고, 동량의 새로운 공기를 공급하는 시스템 정비가 필수이다.** 조리 설비 위에 연통을 만들어 굴뚝 효과(연통 안에서 데워진 공기가 세차게 상승하는 현상)로 **자연스럽게 배출하거나, 배기 덕트를 도입해 강제적으로 배기하고 창문이나 급기구로 급기해서 공기를 순환시킨다.** 급기구는 조리 설비 근처의 천정과 같은 높은 장소에 설치하면, 기계를 이용한 환기라 해도 조리 설비에서 나오는 상승열 때문에 제대로 작동하지 않을 수 있으므로, 대개는 바닥에서 1m 이내의 장소에 설치한다.

'베베쿠'(90쪽) 주방의 일부분. 장작불 조리용 설비 주변에 덕트 후드를 통합 설치해 원활하게 급배기가 되도록 했다.

연통에서 연기가 배출되는 모습. 연통은 점포에서 건물 위까지 바로 통하는 것이 바람직하다.

배기 처리 장치

주방의 배기 청정도와 안전성을 높이기 위한 기기로, 배연 처리 장치 또는 배기 정화 장치라고도 한다. 배출된 연기를 물이라는 일종의 필터에 통과시켜 밖으로 내보내는 '물 필터'가 유명하다. **제조사에 따라 다르지만, 기본적으로는 배출된 연기를 물에 '씻어서' 열, 불똥, 기름기, 악취, 일부 유해 물질을 제거한다.** 배기 중에 생기는 그을음과 먼지를 물이나 금속제 특수 필터로 제거하는 장치와, 탈취, 기름기 제거와 같은 특정 기능에 특화된 장치도 있다.

장작 보관 장소

장작은 체적이 있어서 어느 정도 넓은 보관 장소가 필요하다. **보관 장소를 고려하지 않고 인테리어와 주방 설계를 하는 경우가 많은데, 어디에 장작을 보관하고 어떤 동선으로 조리 설비까지 옮길 것인지 미리 생각해야 한다.** 또한 주방 안에 장작을 보관하는 장소는 보건소에, 업자에게 구입한다면 장작을 들여오는 장소를 소방서에 사전 문의한다.

급배기 시스템의 정비 비용, 배기 처리 장치의 도입 비용, 총 비용이 **상업 시설에서는 장작불 조리 설비 제작 비용 이상으로 많이 드는 경우도 있습니다.** 특히 도심의 점포 근처에 주거 시설과 빌딩, 선로, 역이 있으면 주변에 퍼지는 매연을 고려해 **덕트에 물 필터, 화재 차단 장치처럼 물로 처리하는 배기 장치를 설치하는 것은 필수라 생각됩니다.** 고체 연료를 사용하는 조리 설비에 물 필터와 화재 차단 장치가 연결되어 있지 않으면 대부분 설치 허가가 나지 않기 때문입니다. 주변에 건물과 시설이 없는 외곽과 지방의 점포도 **화재 방지와 배기 설비 유지 보수의 총 비용을 고려해, 불똥과 그을음을 제거할 수 있고, 타르(한 번 불이 붙으면 강하게 탄다)가 잘 묻지 않아 연통 내부 화재가 잘 일어나지 않는 구조의 처리 장치를 도입할 것을 권합니다.** 또한 신축 건물과 단독 건물 레스토랑이 아니면 어려운 경우가 많지만, 연통을 지붕까지 곧바로 뚫어서 높은 곳으로 연기를 내보내는 것이 바람직합니다.

숯 집게

장작을 잡는 긴 집게. 내열성과 내구성이 뛰어난 제품, 난로, 장작 오븐 등 보유한 설비의 안길이와 맞는 제품을 선택한다.

필요한 도구

삽

잉걸불과 재를 퍼서 옮기거나, 잉걸불을 두드려 잘게 부술 때 사용한다. 반드시 자루가 길어야 하고, 이것도 설비의 안길이를 고려해서 선택한다.

그릴, 석쇠, 쇠꼬치, 내열 체 등

재료를 불꽃과 잉걸불 위에 올리기 위한 도구. 전도열을 이용할 때는 철제, 전도열을 이용하지 않을 때는 스테인리스제를 선택하면 된다. 고기의 기름이 묻어서 산화되면 다음 조리 시에 좋지 않은 냄새가 나고 재료에 묻기 때문에, 매번 전용 솔로 틈새의 오염물을 완전히 제거해야 한다.

송풍 도구

불꽃과 잉걸불에 직접 공기를 보내서 산소를 공급해 화력을 높이는 도구. 부채, 풀무, 핸디 팬이 있다. 풀무는 입김을 불어 넣는 방식과 펌프로 바람을 보내는 방식이 있는데, 후자는 양손을 사용하는 제품과 발로 밟는 제품이 있다.

소화통

아직 타고 있는 잉걸불을 넣어 재빨리 끄는 항아리. 항아리 속에 넣고 뚜껑을 덮어 산소의 공급을 막아서 질식 소화할 수 있는 기능이 있다. 소방서의 점검을 통과하는 데에 필수품이다.

장작불 조리를 도입하기에 앞서

☞

장작불 조리를 하려는 목적을 명확히 한다

재료를 이상적으로 익히려는 것인가, 장작 연기 특유의 향을 입히려는 것인가, 장작의 불꽃을 프레젠테이션으로 활용하려는 것인가. 이상적으로 익히려는 것이 목적이라면 어느 재료를 어떤 상태로 구울 것인가. 이렇게 '자신이 상상하는 장작불 조리'에 따라 사용할 장작과 도입할 설비, 크게는 입지와 입점할 건물까지 변경해야 하므로, 자신이 장작불을 사용하려는 목적을 명확히 해야 한다.

12쪽과 **14**쪽으로

☞

점포가 위치한 지역을 관할하는 소방서, 보건소와 상담한다

장작불을 도입하기로 정했다면 점포가 위치한 장소를 관할하는 소방서, 보건소 등의 관련 기관과 상담해 장작불 조리 설비의 설치 조건을 확인해야 한다. 점내의 급배기 밸런스, 필요 배기량, 배기 설비와의 연결 방법을 확인하고 건축 기준법, 소방법, 거기에 근거하는 행정구역 조례에 따라 설비를 제작·도입한다. 지역마다 기준과 조건이 다르므로 반드시 관할 소방서와 보건소의 지시에 따른다.

24쪽으로

☞

주변 설비, 도구를 마련한다

도입할 설비에 따라, 거기에 적합한 주방 내 급배기 시스템을 마련해야 한다. 연기를 배출하고 동량의 새로운 공기를 공급해야 불이 잘 타기 때문이다. 또한 입지와 안전성의 관점에서, 배기를 탈취하고 기름기와 그을음을 제거할 장치를 설치한다. 상황에 따라 창문을 달아 급기량을 늘리거나 연통을 연장 공사하는 등 건물 전체에 관련된 대규모 공사를 할 필요가 있다.

28쪽으로

〈참고도서〉
● 오쿠다 도루, 「굽기의 기술」, 그린쿡
● 佐藤 秀美(2007).『おいしさをつくる「熱」の科学 料理の加熱の「なぜ?」に答えるQ&A』.柴田書店
● 渋川祥子(2022).『料理がもっと上手になる! 加熱調理の科学』.講談社

지금까지의 내용을 복습하며, 장작불 조리를 도입·실시할 때 먼저 생각해 봐야 할 항목을 아래에 정리했다. 어떤 순서대로 생각하고 결정할지는 입지, 입점할 건물의 조건, 하고자 하는 요리에 따라 다르므로 확정된 부분, 자신의 희망대로 바꿀 수 없는 부분부터 집중적으로 준비하자.

👉 어떤 설비를 사용할지 결정한다

장작용 난로, 장작 화덕, 소형 장작 구이대 등 장작불 조리용 설비는 다양한 형태가 있다. 무엇을 구울 것인지, 어떤 장작을 사용할 것인지, 어떤 열(복사, 대류, 전도)을 이용할 것인지에 따라 적합한 설비도 달라지므로 우선 제작사와 상담해보자. 제작사에 테스트용 설비나 시제품이 있다면 반드시 시험 조리를 해보고, 자신이 상상한 것과 실제 조리해 본 느낌을 서로 비교하는 것이 중요하다.

24쪽으로

👉 사용할 장작을 결정한다

장작을 활엽수와 침엽수로 나누고, 그중에서도 착화의 용이성, 화력의 강도, 불이 오래가는 정도, 냄새와 같은 특성에 차이가 있으므로, 도입할 설비와 자신이 구상한 구이법에 맞는 수종을 선택하자. 수종뿐만 아니라 건조된 정도, 껍질의 유무, 굵기와 길이, 생산 지역도 중요 포인트이다. 계속 사용하면서 드는 총 비용을 절약하는 것, 필요량을 안정적으로 공급받을 수 있는 거래처를 확보하는 것이 전제인데, 사용하는 장작도 조리에 영향을 준다는 사실을 인지한 후에 자신에게 맞는 장작을 구하는 것이 좋다.

22쪽으로

👉 불을 피우는 법과 재료의 기본 가열법을 알고 싶다

PART 2로

👉 실제 제공할 요리를 구상하고 있다

PART 3으로

- 日本調理科学会 監修・渋川祥子 著 (2009).『加熱上手はお料理上手―なぜ？に答える科学の目―』.建帛社
- 深澤光 (2012).『移動できて使いやすい　薪窯づくり指南』.創森社
- 本山賢司 (1998).『焚火料理大全』.東京書籍

PART 2

불을 피우는 법과
재료별 조리 과정의 예시

장작불을 도입한 레스토랑 7곳(점포의 상세 내용은 PART 3 참조)의 협조하에,
장작을 태워 잉걸불을 만드는 공정의 세 가지 예시와 재료별 조리 공정의 14개 예시를
상세한 과정 사진과 함께 소개한다. 여기에 실린 것은
모든 레스토랑에 적용되는 '정답'이 아니고, 어디까지나 예시일 뿐이다.
재료의 개체차, 조리 설비, 장작의 상태,
본인이 추구하는 조리법에 맞게 조정하길 바란다.

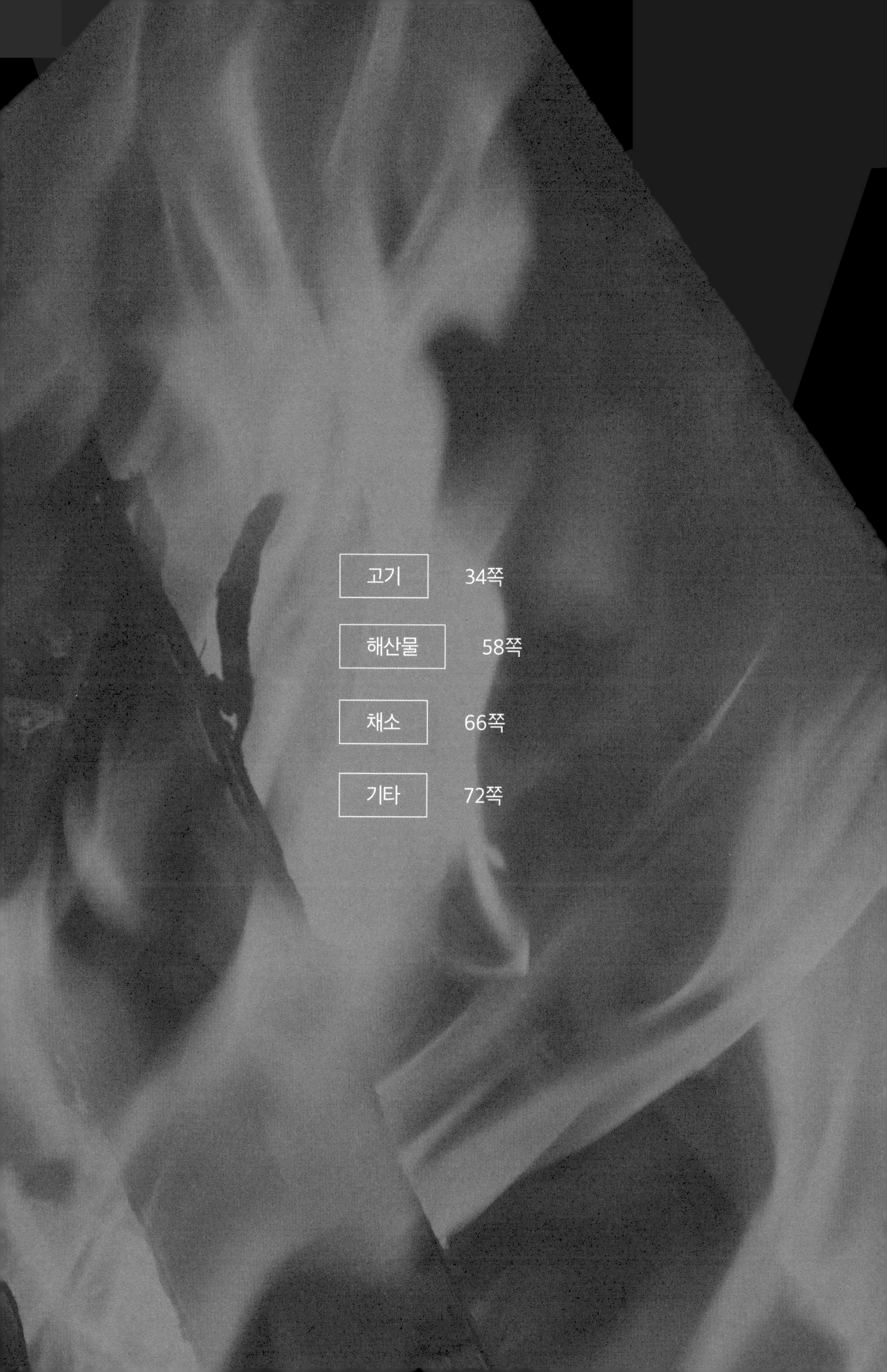

불 피우는 법 &
소고기 굽는 법

요리의 모든 주재료를 장작 잉걸불로 굽는 저희 베베쿠(bb9)는 대형 장작 화덕에 굵은 장작을 가득 태워서 대량의 잉걸불을 준비하고, 사용할 만큼 구이대에 옮겨서 재료를 굽는 방식으로 운영합니다. 소고기는 넉넉한 잉걸불 가까이에 대고 구워, 겉은 살짝 그을려 매우 고소하면서 바삭하고, 속은 붉은 레어로 완성하는 것을 추구합니다. 열이 잔잔하고 뭉근해서 속까지 급격히 익지 않는 장작의 잉걸불이기에 가능한 표현 방식이지요. 소고기는 생선과 다른 육류에 비해 익힘 정도에 너무 신경 쓸 필요 없이, 그저 바비큐처럼 와일드하게 구워야 매력을 발휘할 수 있다고 생각합니다. 주로 사용하는 고기는 '육향이 가득'하고 지방이 적어 살코기의 진한 맛이 돋보이는 '구마모토 적우'의 등심입니다. (셰프 하루타 가즈히로)

1

point!

바람이 잘 통해서
타기 쉽도록,
어느 정도
간격을 두고
우물 정자로 쌓는다.

장작 화덕의 왼쪽 구석에 장작을 우물 정자로 쌓고, 가운데에 불쏘시개용 나무젓가락을 넣는다. 장작은 지름 30cm 졸참나무를 4조각으로 쪼개 약 2년간 건조한 것으로, 착화 시 잘 타는 가느다란 것을 골라서 사용한다.

2

나무젓가락에 불을 붙이고, 다른 나무젓가락에도 불길이 번지게 한다. 나무젓가락에 완전히 불길이 일면, 주변 장작에도 옮겨 붙여서 전체를 지피기 시작한다.

3

불길이 올라오는 것을 확인하면, 완전히 열었던 장작 화덕의 문을 반만 열어둔다. 장작 화덕 내부의 온도를 올리면서, 틈새로 공기를 불어 넣어 장작을 제대로 태우려는 것이다.

4

만약 불길이 전체에 번지지 않으면, 불이 꺼지지 않을 정도로 부채를 부쳐서 바람을 불어넣어 화력을 높인다. 이후에는 장작을 보충하며 1시간 반 정도 계속 태운다.

> **point!**
>
> 장작을 가득 태워 잉걸불을 많이 마련하기 위해, 영업 시작 1시간 반 전에 착화한다.

5

30분 마다 불이 타는 상태를 확인하며, 굵은 장작을 더 넣는다. 이곳에서는 코스 요리 1인분당 장작 4개 분량의 잉걸불을 사용한다. 착화할 때는 가느다란 장작을 사용하지만, 여기서부터는 굵은 장작을 넣어 잉걸불을 조금이라도 더 많이 만든다.

6

착화 후 1시간이 지난 모습. 먼저 넣은 장작이 잉걸불이 되어 허물어지고 있다. 장작을 추가하고, 여기서부터 30분 정도 더 태운다.

7

처음에 태운 장작은 잉걸불이 되어, 자연스럽게 잘게 부서진다.

8

point!

영업 중에는
화덕 문을
조금만 열어둔다.
산소의 공급을 줄여서
잉걸불이
다 타버리는 것을
방지한다.

착화 후 1시간 반 정도 지나, 대부분이 자연스럽게 바스러지는 잉걸불이 되면 삽으로 잘게 부순다. 화덕 문은 조금만 열어두어 공기의 양을 조절한다. 구울 재료에 맞춰 그때마다 쓸 만큼만 잉걸불을 구이대에 옮긴다.

9

구마모토 적우의 등심을 3cm 두께로 약 100g(2인분)을 썬다. 기름과 힘줄을 제거하고, 상온 상태로 만든다. 해바라기유를 스프레이로 뿌리고, 석쇠에 구울 위아래 면에 소금을 뿌린다.

10

소고기를 센 불 가까이에서 굽기 위해, 잉걸불을 넉넉히 사용한다. 구이대 그릴의 앞쪽에 벌겋고 화력이 강한 잉걸불을 가득 깔아준다.

11

구이대 틀 위에 석쇠를 올려서 달군다. 틀의 위치를 최대한 낮춰서 석쇠와 잉걸불이 가장 가까워지게 한다. 석쇠에 해바라기유를 뿌린다.

12

소금을 뿌린 한쪽 면이 아래로 가게 고기를 석쇠에 올린다. 그대로 두고 3~4분 정도 굽다가, 아랫면이 충분히 구워져 고소한 향이 나고 갈색을 띠면 뒤집는다.

13

그대로 두고 다시 3~4분 정도 굽는다. 고기는 1번만 뒤집는다. 옆면을 굽지 않아도, 위아래의 굽는 면과 잉걸불에서 나오는 열로 중심부와 옆면이 충분히 익는다.

14

만약 기름이 떨어져 불길이 일어나면, 고기를 석쇠에서 들어 올려 불길이 잦아들 때까지 기다린다.

15

양면이 바삭하고 고소하게 구워지면, 불에서 내려서 곧장 반으로 자른다. 실온 상태로 만들어 구웠기 때문에, 가열 시간은 합계 6~8분으로 짧다.

완성

레스팅하지 않고 바로 자른 상태. 겉면은 진한 갈색을 띠고 바삭하고 고소하며, 겉면과 가까운 부분은 충분히 익었다. 중심부는 붉은 레어이고, 육즙의 유출이 적다. 속까지 열이 전달되어 따뜻하지만, 고기의 신선한 식감과 풍미가 살아있는 것이 이 구이법의 특별한 장점.

타쿠보의

불 피우는 법 &
소고기 굽는 법

저희 타쿠보(TACUBO)는 주로 소고기나 어린 양고기 장작 구이를 메인 요리로 제공하는데, 소고기는 마블링과 살코기의 균형이 좋은 교잡우나 일본단각종의 설로인을 사용합니다. 마블링이 많으면 잉걸불에 기름이 떨어져 불길과 연기가 일어나기 쉬워서, 고기의 맛을 해치고 화력이 금세 약해집니다. 반면에 마블링이 전혀 없는 고기는 손님들이 그다지 선호하지 않기 때문에, 마블링과 살코기의 균형을 중시합니다. 굽는 법의 포인트는 방금 만들어 '폭신하고' 뭉근한 잉걸불을 사용해, 센 불 가까이에서 겉은 바삭하고 고소하게, 속은 레어로 구워 단면에 그라데이션을 만드는 것. 속이 레어이면 육즙이 잘 돌지 않아서 레스팅 없이 잘라도 육즙이 흘러나오지 않고, 씹을 때 비로소 따뜻한 육즙이 입안에 가득 찹니다. 고기는 차가운 상태로 구워서 내부 온도 상승에 시간이 걸리는 만큼 겉면을 충분히 구워, 겉면과 속의 대비를 돋보이게 합니다. (오너 셰프 다쿠보 다이스케)

1	2	3

장작용 난로의 잉걸불을 만드는 공간에 굵은 졸참나무 장작을 우물 정자로 쌓는다. 가운데에 가느다란 대나무를 불쏘시개로 넣고, 그 위에 중간 굵기의 졸참나무 장작을 올린다. 바람이 잘 통해서 타기 쉽도록, 적당히 간격을 둔다.

불쏘시개용 대나무에 토치로 불을 붙인다. 불길이 중간 굵기 장작에 옮겨붙어, 굵은 장작을 포함한 모든 장작이 서서히 타기 시작한다. 영업 개시 1시간 반 전부터 착화해서, 난로 전체를 데운다.

불이 붙은 중간 굵기 장작을 옮겨서 불이 붙지 않은 굵은 장작에 기대어 세우는 등, 적절히 이동시켜 잘 타지 않는 굵은 장작에 불을 옮겨붙이며 구석구석 지핀다.

4

굵은 장작이 타기 시작하면, 난로 벽에 기대어 세운다. 이 장작은 실제로 재료를 굽는 잉걸불용이 아닌, 앞으로 추가할 새로운 잉걸불용 장작에 불을 붙이는 역할을 한다.

5

굵은 장작을 새로 추가해 기대어 세워서 태운다. 조리할 때는 새로 추가해서 태운 장작의 잉걸불을 사용한다. 다쿠보 씨의 말에 의하면, 가로로 쌓아서 태운 장작은 단단하고, 공기와 수분이 빠진 '숯과 같은 잉걸불'이 된다고 한다.

> **point!**
> 새 장작을 세워서 태워, 공기를 머금은 거칠고 '폭신'한 잉걸불을 만든다.

6

기대어 세운 장작을 적절히 옮기며 불을 고루 지핀다. 안쪽에 있는 다른 장작이 켜켜이 쌓인 장작만큼 수분이 빠져 단단해졌다고 생각되어, 이미 안에 있던 장작은 다시 안에 넣고, 조리에는 사용하지 않는다.

7

나중에 태운 장작이 잉걸불이 된 상태. 벌겋게 빛나고, 집게로 조금만 건드려도 자연스럽게 부서진다. 조리에는 이것을 사용하고, 잉걸불이 부족해지면 장작을 추가해 잉걸불을 더 만든다.

8

완성한 잉걸불을 오른쪽의 구이대에 옮겨, 부수면서 넓게 펼친다. 다쿠보 씨의 말에 의하면, 잉걸불의 표면 온도는 600℃ 정도라고 한다.

9

그릴을 올리는 거치대 안쪽에 잉걸불을 가득 깔아준다. 부서진 잉걸불 한 조각의 크기는 3~4cm. 위에 올리는 그릴과의 간격이 약 1cm가 되도록 잉걸불을 쌓고, 그릴을 설치한다.

point!

그릴 아래에 잉걸불을 가득 깔아서, 센 불 가까이에서 굽게 한다.

10

등과 배 쪽의 지방을 제거하고 냉장실에서 차갑게 만든 '다카하라 흑우'의 설로인을 3.5~4cm 두께로 약 450g(4인분)을 썰어서, 달군 그릴에 올린다. 고기에서 지방에 스며 나오므로, 그릴에 기름을 바르지 않아도 된다.

11

수분의 유출을 조금이라도 막기 위해, 처음에는 소금을 뿌리지 않고 굽는다. 잉걸불의 열로 고기 겉면이 연한 갈색을 띠면 면을 뒤집는다. 이후에도 양면이 고루 익도록 면을 뒤집으며 굽는다.

12

서서히 고기 겉면의 색이 진해진다. 겉면에 바삭하고 고소한 층을 조금씩 쌓는 느낌으로, 면을 뒤집으며 계속 굽는다.

13

그릴에 구운 자국이 점점 겹치고, 고기 겉면의 색이 고르게 진해질 때까지 면을 뒤집으며 굽는다.

14

다 구워지기 직전인 고기의 옆면. 난로는 위에서 나오는 복사열을 최대한 배제하는 구조이므로, 고기는 항상 아래의 잉걸불에서 올라오는 열로 익힌다. 옆면은 불로 굽는 위아래 면에서 나오는 열로도 익는다.

15

겉면에 육즙이 살짝 떠오르기 시작하면 소금을 뿌리고 면을 뒤집어 반대쪽에도 뿌린다. 곁들임 채소도 조금 전부터 굽기 시작해, 고기가 다 구워지는 타이밍에 함께 완성되도록 한다.

> **point!**
>
> 육즙이 약간 떠오르기 시작하는 타이밍에 소금을 뿌린다.

16

고기의 면을 몇 번 더 뒤집어, 소금이 스며들면 완성이다. 가열 시간은 15분. 레스팅을 하면 '고기에 불순물이 담긴 듯한 냄새가 나므로', 바로 잘라서 제공한다.

완성

고기 겉면은 구운 색이 진하고 바삭하며 고소하다. 겉면에서 약 5mm 안쪽의 속은 뜨겁고 충분히 구워진 층이 형성되었다. 그 안쪽부터 중심부까지 구워진 쪽에 그라데이션이 생겼다. 중심부는 열이 전달되어 따뜻하지만 레어이다. 다쿠보 씨의 말로는, '여기에는 육즙이 돌지 않는다'라고 한다. 그래서 고기를 굽자마자 잘라도 단면에서 흘러나오는 육즙은 아주 적다.

돼지고기 굽는 법

돼지고기 장작 구이는 단골손님에게 색다른 메인 요리로 대접하는 메뉴입니다. 돼지고기는 소고기와 어린 양고기보다 오랜 시간 구워 속까지 충분히 익혀야 하므로, 한참 가열해도 딱딱하고 퍼석해지지 않도록, 고기에 스트레스를 주지 않으며 약한 잉걸불로 천천히 굽습니다. 뼈가 붙은 고기를 사용하므로, 중간중간 뼈로 간접적으로 고기를 익히는 공정도 더하며, 모든 면에 조금씩 열을 전달하는 것이 포인트입니다. 소고기와 어린 양고기는 단면에 그라데이션을 만들기 위해 차가운 상태로 굽기 시작하지만, 돼지고기는 전체를 균일하게 익히기 위해 굽기 전에 미리 상온 상태로 만듭니다. 프랑스의 비고르 돼지는 고기 맛에 깊이가 있고 비계도 맛있어서 즐겨 사용하는데, 이번에는 살코기와 비계를 모두 즐길 수 있는 목살을 선택했습니다. (오너 셰프 다쿠보 다이스케)

1

point!
오랜 시간 동안
구우므로,
소량의
잉걸불로
약불을 만든다.

잉걸불을 만들어 구이대에 옮기고 (38쪽~참조), 잘게 부수며 고기 크기보다 조금 더 넓게 펼쳐서 깐다. 잉걸불은 쌓지 않고, 최대한 그릴과 멀리 떨어뜨린다. 그릴을 올려서 달군다.

2

돼지 목살을 뼈째 약 400g(4인분)으로 잘라서 상온 상태로 만든다. 뼈가 아래로 가게 그릴 위에 올려 굽기 시작한다. 수분의 유출을 조금이라도 막기 위해, 처음에는 소금을 뿌리지 않고 굽는다.

3

뼈가 달궈지면 고기를 눕혀서 단면을 굽는다. 기름이 녹아서 잉걸불에 떨어지더라도 불이 약해서 떨어지는 양이 적고, 고기를 익히기에는 불이 약할수록 좋기 때문에, 결론적으로 잉걸불 온도가 떨어져도 문제없다.

4

그릴에 올린 뼈 옆에 잉걸불을 조금 놓아서 뼈를 뜨겁게 만든다. 뼈에서 전도되는 열로 잘 익지 않는 뼈 주변의 고기를 익힌다.

point!

잉걸불을 뼈 옆에 조금 놓아서, 뼈 주변의 고기에도 열을 전달한다.

5

고기 단면이 잉걸불의 열로 연한 갈색을 띠면 면을 뒤집는다. 이어서 뼈 옆에 잉걸불을 놓고 계속해서 뼈 주변의 고기를 가열한다.

6

고기가 타지 않도록 타이밍을 보며 여러 번 면을 뒤집는다. 고기 겉면에 마이야르 반응이 일어나 고소함이 점점 쌓여간다. 전체를 균일하게 익히기 위해, 고기 단면 위아래뿐만 아니라 방향도 적절히 바꿔가며 굽는다.

7

뼈 옆에 잉걸불을 놓고 2~3분이 지나서 뼈가 뜨거워지면 잉걸불을 걷어낸다.

8

point!

모든 면을
균일하고 고르게
천천히 익히도록
신경 쓴다.

고기의 면을 더 뒤집으며 구워서 겉
면에 마이야르 반응을 일으키는 동시
에, 그릴의 구운 자국을 고루 내면서
고소함을 더해간다.

9

가끔 뼈를 아래로 놓고 뼈 주변도 구
우며, 3방향을 빠짐없이 천천히 가열
한다. 뼈 이외의 옆면은 아래에 있는
잉걸불과 위아래의 굽는 면에서 전달
되는 열로 서서히 익는다.

10

양면에 바삭한 식감이 나면, 고기를
눌러봐서 속까지 익었는지 확인한다.
겉면에 육즙이 살짝 배어 나오면 소
금을 뿌린다. 뒤집어서 반대쪽에도
소금을 뿌린다.

11

몇 번 더 고기를 위아래로 뒤집어 소
금이 스며들게 한다.

12

마지막까지 뼈 쪽에도 열을 가해 고
기 전체를 균일하게 데운다. 여기까
지 구운 시간은 약 20분. 방금 만든
잉걸불을 사용해 마지막까지 열이 어
느 정도 보존되므로, 잉걸불을 추가
할 필요는 없다.

13

잉걸불을 구석으로 몰아넣어 고기와
떨어뜨리고, 뼈를 아래로 놓고 몇 분
간 레스팅한다. 다쿠보 씨의 말에 의
하면, '속까지 익은 상태라 고기 내부
전체에 뜨거워진 육즙이 돌고 있기
때문에, 바로 썰면 육즙이 빠져나온
다'라고 한다.

완성

뼈를 발라내고 썬 것. 겉은 다쿠보
씨가 굽는 소고기(38쪽)와 어린 양
고기(50쪽)처럼 식감이 바삭하지
만, 속은 이들보다 더 익어서 중심
까지 균일한 장밋빛을 띤다. 촉촉
하고 부드러운 맛과 기름기가 돌
면서 바삭하게 씹히는 맛을 모두
지녔다.

어린 양고기 굽는 법

초봄이 지난 무렵의 프랑스 리무쟁산 어린 양고기는 결이 부드러워 촉촉하게 구워지는 육질이 매력입니다. 그렇다고 너무 덜 익히면 고기의 씹는 맛이 좋지 않고, 생고기 같은 식감이 남습니다. 그래서 어린 양고기는 고기 본연의 맛을 살리면서도 바삭하게 씹히도록 천천히 굽습니다. 먼저 고기를 상온 상태로 만들어 겉과 속의 온도 차가 나지 않게 해서 잉걸불 위에 올리고, 약불에 멀리 떨어뜨려서 아주 잔잔한 잉걸불의 열로 전체를 뭉근히 데웁니다. 골고루 데워지고 균일한 장밋빛을 띠며 익었다고 느껴지면, 마지막으로 센 불 가까이에 대고 비계를 포함한 겉면을 아주 고소하게 구워 마무리합니다. 도중에 고기가 익는 상태와 잉걸불이 약해지는지 잘 확인하며 잉걸불을 보충하고, 고기와 잉걸불의 거리를 잘 조절하는 것이 굽기의 중요 포인트입니다. (셰프 하루타 가즈히로)

1

프랑스 리무쟁산 어린 양고기 숄더랙을 손질해 뼈 2개 분량을 자르고, 상온 상태로 만든다. 스프레이로 해바라기씨유를 뿌리고, 모든 면에 소금을 뿌린다.

2

장작 화덕에서 만든 잉걸불(34쪽~참조)을 구이대에 조금만 옮기고, 구이대 틀 위에 석쇠를 올려서 달군다. 핸들을 돌려 잉걸불과 석쇠의 거리를 약 20cm로 조절한다. 석쇠에도 해바라기씨유를 뿌린다.

point!
잉걸불은
넓은 범위로 깔아서
양고기 아래에
항상 잉걸불이
있게 한다.

3

> **point!**
>
> 처음에는
> 뭉근한 열로
> 고기의 온도를
> 천천히 올리는 것에
> 집중한다.

비계가 아래로 가게 석쇠에 올린다. 불이 약해서 기름이 잉걸불까지 떨어지지 않고, 잠잠히 데워진다. 잉걸불을 고기 크기보다 더 넓게 깔았기 때문에 석쇠 위 공간 전체가 달궈진다.

4

비계 쪽이 약간 데워지면 면을 뒤집어서 뼈를 아래로 놓고 굽는다. 그 면도 데워지면 양쪽 옆면, 고기가 두툼한 부분 순으로 아래로 놓고 굽는다. 이렇게 면을 바꿔가며 상하좌우 모든 면을 아래로 놓고 전체를 데운다.

5

고기 개체에 따라 면이 평평하지 않아서 아래로 놓으면 불안정한 것도 있으므로, 둥글게 뭉친 알루미늄 포일에 기대어 세우거나, 집게로 잡아서 고정한다.

6

서서히 잉걸불이 약해지므로, 잉걸불을 보충해 화력을 일정하게 유지한다. 계속해서 면을 바꾸며 굽고, 덜 익은 부분을 확인하며 모든 면을 균일하게 익힌다.

7

고기가 두툼해서 잘 익지 않는 부분이 있다면, 알루미늄 포일로 고정해서 그 부분만 중점적으로 익힌다.

8

point!

불길이 일어나면
고기에 그을음이 묻으니
주의해야 하지만,
약간의 연기는
상관없다.

전체 온도가 떨어지지 않게, 면을 계
속 바꿔가며 굽는다. 도중에 기름이
떨어져 연기가 약간 피어오르는데,
향이 그다지 배지 않으니 신경 쓰지
않아도 된다. 잉걸불이 약해지면 새
잉걸불을 추가해 일정한 화력을 유지
한다.

9

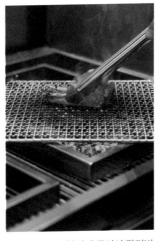

point!

센 불 가까이에 대고
최종 마무리를 한다.
비계를
아주 고소하게
구워준다.

고기의 탄력을 확인해 중심이 장밋빛
을 띨 정도로 익었다고 판단되면, 잉
걸불을 보충하고 핸들을 돌려 석쇠가
잉걸불에 가장 가까이 닿을 때까지
내린다. 비계를 아래로 놓고 구워 바
삭하고 고소하게 마무리한다.

10

비계가 진한 갈색을 띠면, 다른 면도
가볍게 구워서 전체를 균일하게 데워
마무리한다. 이때 하는 가열은 손님
에게 내기 전에 충분히 데우는 것이
목적이므로, 너무 많이 구워서 속까
지 익지 않게 주의한다.

11

마지막으로 한 번 더 비계 쪽을 굽고,
불에서 내린다. 여기까지 구운 시간
은 약 30분.

완성

겉면과 비계는 아주 고소하고 갈
색을 띠며, 속은 예쁜 장밋빛이 난
다. 속까지 열기가 들어가 베어 먹
기 좋은 식감이 나면서, 리무쟁산
어린 양고기의 특징인 보드랍고
매끈한 질감과 촉촉한 식감이 살
아있다. 도중에 연기가 조금 피어
오르지만, 구울 때 나는 고기 자체
의 고소한 향이 더 강해서 훈연향
은 느껴지지 않는다.

타쿠보의

어린 양고기 굽는 법

 어린 양고기는 레어로 먹어야 맛있는 고기라서, 속은 날것에 가깝게 구워 호주 태즈메이니아산 어린 양고기만의 깔끔한 맛을 돋보이게 합니다. 굽는 순서는 기본적으로 소고기 (38쪽)와 같은데, 소고기를 구울 때보다 잉걸불을 고기에 닿을 듯 높이 쌓아서 불에 더욱 근접하게 합니다. 단시간에 구워 겉은 고소하면서 바삭한 식감을 내고, 속은 레어의 풍미와 부드럽고 탄력 있는 식감을 강조합니다. 고기의 기름이 잉걸불에 약간 떨어지면서 나는 연기의 향은 어린 양고기의 잡냄새를 알맞게 잡아주기 때문에 적당히 입혀줘도 좋습니다. 하지만 기름이 너무 많으면 불길이 일어서 그을은 냄새가 나므로, 비계를 프라이팬에 미리 구워서 기름을 적당히 빼주는 것도 포인트입니다. 고기는 썰지 않고 제공해서 손님이 고기와 육즙을 함께 즐기게 합니다. 그래서 익히기도 좋고 베어 먹기도 편한 두께로 손질합니다. (오너 셰프 다쿠보 다이스케)

1

뼈가 붙은 어린 양고기 숄더랙을 뼈 1개 반 분량을 잘라서 적당히 손질하고, 굽기 직전까지 냉장실에 차갑게 둔다. 달궈서 올리브유를 얇게 두른 불소 수지 가공 프라이팬에 비계를 아래로 놓고 약불로 굽는다.

2

이것은 고기를 익히는 것이 아닌, 장작으로 구울 때 잉걸불에 떨어지는 기름을 줄이는 작업이다. 프라이팬에 기름이 배어 나오고, 비계가 조금 얇아지면 불에서 내린다.

> **point!**
> 여분의 기름을 제거해 잉걸불에 떨어지는 기름의 양을 줄여서 불길과 연기의 양을 조절한다.

3

잉걸불을 그릴의 면적 안에 가득 깔고, 고기에 닿을 듯한 높이까지 쌓는다. 그릴을 설치해서 달구고, 2의 어린 양고기의 비계가 아래로 가게 그릴에 올린다. 연하게 색이 나면 눕혀서 단면을 아래로 놓는다.

4

고기의 단면이 잉걸불의 열로 연한 갈색으로 구워지면 뒤집는다. 또한 수분이 조금이라도 나오지 않게, 처음에는 소금을 뿌리지 않고 굽는다.

5

여러 번 면을 뒤집으며 양쪽 단면에 고소한 향과 구운 색이 고르게 나도록 굽는다. 열원이 아주 가까우므로, 타지 않게 면을 자주 뒤집는 것에 신경 쓴다.

6

고기 옆면은 위아래의 굽는 면과 아래에 깔린 잉걸불에서 올라오는 열로 서서히 익고, 비계는 마지막에 고소하게 구우므로, 여기에서는 양쪽 단면만 구우면 된다.

7

기름이 약간 떨어져 가끔 연기가 나지만, 양고기와 연기의 훈연향은 잘 어울리므로 적당히 연기를 입히며 굽는다. 기름은 떨어지는 양을 미리 조절했어도, 너무 많이 떨어지면 불길이 일어나므로 주의한다.

point!
적당히 연기를 쐬어 양고기 특유의 잡냄새를 잡으며 훈연향을 입힌다.

8

겉면이 구워지면서 고기에 탄력이 생긴다. 옆면도 조금씩 익어서 색이 하얗게 변한다. 계속해서 면을 자주 뒤집으며 굽는다.

9

골고루 익도록 면뿐만 아니라 방향도 바꾸면서 구워, 겉면에 고소한 향과 구운 자국을 더해간다.

10

겉면에 육즙이 살짝 배어 나오면 소금을 뿌린다. 면을 뒤집어서 반대쪽에도 소금을 뿌린다. 여러 번 더 뒤집으며 소금이 스며들게 한다.

11

고기를 눌러봐서 감촉을 확인한다. 대부분 레어로 구워지긴 했으나, 중심부의 몇 밀리미터는 살짝 데워지기만 한 날것에 가까운 상태까지 익힌다. 여기까지 장작 잉걸불로 가열하는 시간은 8~9분.

12

마무리로 비계를 아래로 놓고 고소하게 구워, 기름을 적당히 떨어뜨리며 연기를 입힌다. 집게로 고기의 기울기를 조절해 비계의 모든 면이 고소해지게 굽는다.

point!

마무리로
비계를 바삭하고
고소하게 구우며
연기를 입힌다.

13

point!

고기를
뜯어서 먹도록
썰지 않고
바로 접시에 올려서
제공한다.

마지막으로 단면도 구워서 데우고, 불에서 내려 바로 접시에 담아 제공한다. 손님이 먹을 때까지 수십 초 동안 계속 열기가 들어가 속이 데워진다. 곁들임 요리가 있으면 미리 접시에 담아두고, 되도록 빨리 제공한다.

완성

겉면에는 고소하고 바삭하게 구워진 층이 생겼다. 바로 안쪽에는 베어 먹기 좋게 익은 층이 생겼다. 중심부는 살짝 따뜻하지만, 날것에 가까운 레어이다. 원래는 썰지 않고 제공해 열이 잘 빠져나가지 않기 때문에, 손님이 먹을 때는 약간 더 익어 있다. 다쿠보 씨의 말로는 '중심부는 살짝 따뜻하기만 해서 육즙이 돌지 않기 때문에, 썰어도 육즙의 유출이 적다'라고 한다.

오리고기 굽는 법

고기는 원시적 방식인 장작의 불꽃으로 굽자는 생각에, 지금까지는 메인 요리에 사용하는 덩어리 고기를 활활 타오르는 불꽃과 멀리 떨어진 약한 잉걸불로 구워왔습니다. 그러다 점차 새로운 기법을 모색한 끝에, 고리에 매단 고기에 소스를 발라가며 불꽃 속에서 굽게 되었습니다. 이번에는 두툼하고 담백한 살코기가 특징인 '아이치 오리'를 숙성해 감칠맛을 응축시킨 후 이러한 기법으로 구웠습니다. 처음에는 기존에 했던 대로 불꽃과 잉걸불로 가열하다가, 마무리로 30% 정도 익힐 때는 고리에 매달아서 소스를 발라가며 굽습니다. 이때 화력이 약하면 소스가 덜 스며들어 맛이 제대로 나지 않기 때문에, 고기를 항상 불꽃 끝에 대고 센 불로 굽는 것이 중요합니다. 그렇다고 너무 많이 태우지 않게 신경 써야 하니, 어렵지만 적당히 절충해야겠지요. 고기에 소스 맛이 배어 윤기가 돌고 바삭하게 굽는 것이 이상적입니다. (오너 셰프 다쿠마 가즈에)

1

> **point!**
> 불똥이 튀는
> 강한 불꽃으로
> 고기 겉면을 지진다.
> 모든 면에
> 버터를 발라서
> 고기의 촉촉함을
> 유지한다.

장작 그릴대에 20분 이상 장작을 활활 태운다. 공간도 그릴도 달궈지면, 뼈가 붙은 오리 가슴살의 껍질에 칼집을 넣고 버터를 바른 다음, 껍질이 아래로 가게 그릴에 올린다. 그릴은 고기가 불꽃 끝에 닿는 높이로 조절한다.

2

처음에는 30~40초간 가열한다. 타오르는 불꽃으로 껍질을 충분히 굽는다. 불꽃의 세기를 조절하기 위해 석쇠를 바깥쪽에 놓는다. 껍질에서 고소한 향이 나고 노릇해지면 껍질이 위로 가게 고기의 방향을 바꾸고, 겉면 전체를 지진다.

3

아래에 잉걸불을 깔아둔 구이대 왼쪽의 석쇠에 고기를 옮기고, 전체적으로 열기가 돌면서 안정될 때까지 5분 정도 레스팅한다. 석쇠 높이와 놓는 위치는 '손을 넣어서 따뜻함이 느껴지는 지점'이 좋다.

4

장작 그릴대 내부 온도가 너무 높으면, 고기를 밖으로 꺼내 상온에 둔다. 사진은 두 번째로 익히기 직전의 상태. 첫 번째로 익힐 때 이미 껍질도 충분히 지져졌다. 겉면 전체에 버터를 바른다.

5

다시 장작을 활활 태우고, 핸들로 그릴을 위아래로 움직이며 고기에 불꽃 끝이 닿는 높이로 조절한다. 껍질이 아래로 가게 그릴에 올리고, 약 15초간 굽다가 면을 뒤집고, 약 15초간 더 굽는다.

6

다시 구이대 왼쪽 내부의 따뜻한 곳에 고기를 옮기고, 열기가 전체적으로 돌 때까지 첫 번째보다 오래 레스팅한다. 이번에는 잉걸불을 보충해 열기를 높이고, 첫 번째보다 위에 있는 석쇠에 올린다.

7

4와 마찬가지로 구이대 내부 온도가 너무 높으면 밖으로 꺼낸다. 이날은 구이대 안팎에서 합계 40분 정도 레스팅하며 60% 정도 익혔다. 겉면을 눌러보면 아직은 약간 생고기처럼 말랑말랑한 느낌이다.

8

고기의 모든 면에 다시 버터를 발라서 촉촉함을 유지하고, 1~2번째로 구울 때와 마찬가지로 활활 타오르는 장작의 불꽃 끝에 대고, 면을 바꿔가며 약 30초간 가열한다. 타지 않게 항상 주의를 기울이며 굽는다.

9

구이대 왼쪽의 석쇠에 옮겨서 5분 정도 레스팅한다. 그동안 중심 온도가 오르고 겉면이 마르며 70% 정도 익은 상태가 된다. 아래에 깔아둔 잉걸불은 재를 뒤집어써서 불이 매우 약하지만, 구이대 속은 충분히 따뜻하다.

10

고기 겉면 전체에 오렌지 소스를 듬뿍 바른다. 이 소스는 오렌지 껍질, 과육, 과즙과 셰리 비니거를 섞어 가볍게 발효시킨 것이다. 고기의 목 부분에 S자 후크를 꽂아 넣는다.

> *point!*
> 데리야키를
> 만드는 것처럼,
> 장작불로 구우면서
> 맛을 입히기 위해
> 소스를
> 듬뿍 바른다.

11

다시 장작을 활활 태워 불길을 일으킨다. 위에 고기를 매달았을 때 닿지 않는 높이까지 그릴을 내리고, 위에 걸친 봉에 S자 후크를 걸어 고기를 매단다. 불꽃 끝이 고기에 닿도록 적당히 장작을 추가한다.

> *point!*
> 장작 불꽃 끝이
> 매달린 고기에
> 항상 닿도록
> 장작을 더 넣어
> 불길을 크게
> 일으킨다.

12

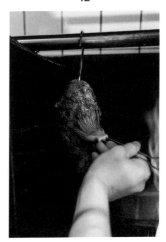

겉면이 마르면 고기를 구석으로 옮겨서 재빨리 소스를 덧바르고, 고기의 온도가 떨어지지 않게 최대한 빨리 불꽃 끝이 닿는 곳에 원위치시킨다. 불꽃 끝으로 계속 구우며, 겉면이 마를 때마다 소스를 덧바른다.

13

겉면에 윤기가 돌면, 손으로 눌러보며 속까지 익었는지 확인한다. 마무리로 한 번 더 소스를 바르고, 겉면이 마르고 바삭하며 고소해질 때까지 구운 후 불에서 내린다.

13

겉면에 소스가 완전히 스며들고, 윤기와 탄 자국이 혼재하고 있다. 단단하고 검은 그을음이 덮인 다리 쪽의 가느다란 끝부분을 잘라내고, 뼈와 살을 분리한다. 껍질과 살코기가 적절히 섞이도록 1인분씩 썬다.

완성

껍질은 듬뿍 바른 오렌지 소스가 충분히 배어들어 바삭하고 고소한 식감이 난다. 살코기는 촉촉하고 부드러우며 육즙이 가득하고, 균일하게 장밋빛을 띤다. 다 구워진 껍질의 식감이 살아있을 때, 뜨거운 고기를 바로 썰어서 제공한다. 또한 살코기를 너무 익히면 숙성된 고기 특유의 독특한 풍미가 부각될 수 있으니, 오래 가열하지 않게 주의한다.

벤자리 굽는 법

생선을 장작 잉걸불로 구우면 얻을 수 있는 효과는, 상상 이상으로 빨리 익어서 단시간에 완성할 수 있는 점과 촉촉함이 유지되는 점입니다. 가열이 단시간에 끝나기 때문에, 기름이 적어 퍼석해지기 쉬운 흰살생선도 수분을 머금어 폭신하게 구워집니다. 이번에 구운 벤자리는 기름이 올라 있어, 껍질을 구울 때 기름이 떨어지며 피어오르는 연기의 훈연향으로 생선 특유의 비린내가 잡히는 것도 장작으로 굽는 장점입니다. 굽는 법은 아주 단순한데, 장작용 난로 내부 왼쪽에 있는 구이대 아래에 벌겋게 달아올라 화력이 강한 잉걸불을 깔아줍니다. 껍질은 불 가까이에 대서 고소하게 굽고, 살은 불과 멀리 떨어뜨려서 굽습니다. 풀무를 이용해 잉걸불에 수시로 바람을 불어넣어 센 불을 유지하는 것도 포인트입니다. 구이대에 걸쳐진 꼬치의 높이로 잉걸불과의 거리를 조절하며, 생선에 닿는 열의 강도를 조정합니다. (점주 요시오카 유키노부)

1

장작 오븐에 장작을 태우고(72쪽 참조), 장작을 수시로 추가하며 잉걸불을 가득 만든다. 잉걸불이 쉽게 부서지면, 삽으로 퍼서 장작용 난로 내부 왼쪽 구이대에 깔아둔 그릴에 옮긴다.

2

자잘한 잉걸불과 재를 그릴 틈새 아래로 떨어뜨리면, 어느 정도 큼직한 잉걸불이 남는다. 잉걸불과 구이대 맨 아래에 있는 철제 틀과의 거리가 약 1cm가 될 때까지 잉걸불을 더 넣고 표면을 정돈한다. 풀무로 바람을 불어넣는다.

point!

잉걸불이 차가운 그릴에 닿으면 온도가 떨어지므로, 풀무로 바람을 충분히 불어넣어 화력을 높인다.

3

벤자리는 포를 뜬다. 껍질을 먼저 재빨리 달구고, 부풀어서 타는 것을 막기 위해 껍질에 잘게 칼집을 낸다. 꼬치에 끼워서 양면에 소금을 뿌리고, 껍질이 아래로 가게 철제 틀에 꼬치를 걸쳐서 굽기 시작한다.

4

금세 생선의 수분과 기름이 떨어지기 시작해 연기가 입혀진다. 껍질이 충분히 달궈지고 껍질 주변의 살이 하얗게 변할 때까지 그대로 두고 굽는다. 불길이 일어나지 않을 정도로 잉걸불에 바람을 계속 불어넣으며, 벌겋게 달아오른 상태를 유지한다.

5

굽기 시작한 지 약 1분 30초가 지난 상태. 피어오르는 연기도 가라앉는다. 살이 하얗게 변하기 시작하면 한층 더 빨리 익으므로, 시선을 떼지 않고 지켜본다.

6

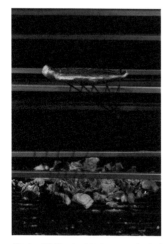

굽기 시작한 지 3분이 조금 안 되었을 때 껍질이 고소하게 구워지고, 살이 완전히 하얗게 변한다. 살을 아래로 놓고, 잉걸불과 약 20cm 떨어진 철제 틀로 꼬치를 옮긴다. 잉걸불에 계속 바람을 불어넣으며 센 불에 멀리 떨어뜨려 굽는다.

point!
살은 멀리 떨어진
불로 뭉근하고
천천히 익혀,
수분과 식감을
유지하며
촉촉하게 굽는다.

7

멀리 떨어진 불에 약 1분 30초간 살을 굽고, 다시 면을 뒤집어 처음에 껍질을 구웠던 철제 틀로 꼬치를 옮긴다. 센 불 가까이에 대고 껍질을 수십 초간 구우며 다시 껍질의 수분을 날려서 고소한 식감을 낸다.

8

마지막으로 다시 불 가까이에 대고 굽는다. 생선 전체의 온도를 올려 뜨겁게 마무리하려는 목적도 있다. 껍질이 바삭하게 구워지면 불에서 내리고, 꼬치를 빼서 자른다.

껍질을 센 불 가까이에 대고 충분히 구워서 탄탄하고 파삭파삭한 식감을 냈다. 껍질에 잘게 칼집을 넣어서, 부풀어 올라 찢어지는 일이 없이 균등하고 고소하게 구워졌다. 살은 폭신폭신 부드럽고, 겉면과 단면이 젖은 것처럼 보일 만큼 수분이 유지되어 신선하다. 훈연한 듯한 연기의 향이 은은하게 느껴져 식욕을 돋운다.

완성

베베쿠의

가다랑어 굽는 법

가다랑어와 참치처럼 생식에 적합한 붉은살생선에 이용하는 구이법입니다. 우선 센 불 가까이에 대어 껍질을 고소하게 굽고, 다음에는 멀리 떨어진 잉걸불로 살을 뭉근히 데웁니다. 은은한 잉걸불의 열로 중심부를 사람의 피부 정도까지 천천히 온도를 올려서 생선의 맛이 더욱 잘 느껴지게 하고, 쫄깃한 식감과 매끈한 감촉을 돋보이게 하는 것이지요. 마무리로 포도나무 가지를 태운 연기를 가다랑어에 쐬어, 붉은살생선과 잘 어울리는 훈연향을 은은하게 입히면 완성입니다. 일반 장작 불꽃과 잉걸불 연기의 향은 너무 강해서, 향이 은은한 포도나무 가지 연기를 사용합니다. 또한 맛이 연하고 수분이 많은 개체는 데웠을 때의 장점이 발휘되지 않고, 선도가 좋지 않으면 비린내와 좋지 않은 맛이 나기 때문에, 생선을 신중하게 고를 필요가 있습니다. (셰프 하루타 가즈히로)

1

와카야마산 '켄켄 가다랑어(한 마리씩 낚시로 잡는 '켄켄 어업'으로 잡은 가다랑어 - 옮긴이)'를 사용했다. 포를 떠서 약 4cm 두께(약 100g)로 자른다. 구울 때는 중심부까지 균일하게 잘 데워지도록 30분 이상 실온에 두어 완전히 상온 상태로 만든다.

2

장작 화덕에서 만든 잉걸불(34쪽~참조)을 구이대에 넉넉히 옮긴다. 석쇠를 올릴 틀을 핸들로 맨 아래까지 내리고, 틀 위에 석쇠를 올려서 달군다. 석쇠에 해바라기씨유를 뿌린다.

point!

잉걸불을 넉넉히 깔고, 센 불 가까이에 대고 굽도록 거리를 조절한다.

3

가다랑어의 껍질 면을 중심으로 스프레이로 해바라기씨유를 뿌리고, 모든 면에 소금을 뿌린다.

4

껍질이 아래로 가게 석쇠에 올리고, 잉걸불과 가장 가까운 상태에서 껍질을 충분히 굽는다. 그대로 두고 1분 전후를 기준으로 굽는다.

5

껍질에 고소한 향이 나고 검게 그을린 자국이 생길 만큼 충분히 구워지면, 껍질 쪽은 완성이다. 속은 날것인 상태이다.

6

잉걸불 속에 포도나무 가지 1개를 넣는다. 핸들을 돌려 틀을 올려서 석쇠와 잉걸불의 거리를 20~25cm로 조절한다.

7

틀에 올린 석쇠에 가다랑어의 살이 아래로 가게 놓고, 불에서 멀리 떨어뜨려 데우듯이 굽는다. 살에 구운 색이 나지 않게 균일하게 가열해, 속은 날것이지만 35~36℃로 데운다.

8

포도나무 가지에서 약간 피어오르는 연기로 가다랑어를 가볍게 훈연한다. 가다랑어 자체의 향이 강해서 제대로 훈연하고 싶다면, 포도나무 가지의 개수를 늘린다.

point!

가느다란 포도나무 가지의 연기로 장작과 잉걸불의 연기보다 은은하고 부드러운 훈연향을 입힌다.

9

살의 색이 변하지 않게 항상 신경 쓰며, 중심이 35~36℃로 사람의 피부 온도 정도가 되었다고 판단되면 불에서 내린다. 굽기 시작한 후 걸린 시간은 합계 약 3분.

완성

껍질은 노릇하고 고소하며 구운 자국이 나 있고, 겉면에는 은은한 훈연향이 감돈다. 반면 살 속은 날것이라 신선함이 유지되어 있다. 중심부까지 사람의 피부 온도 정도로 균일하게 데워져서, 매끈한 식감과 진한 맛이 돋보인다.

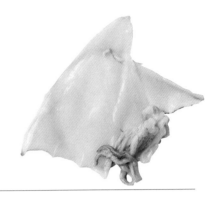

화살오징어 굽는 법

오징어는 흔하게 불에 굽고 훈연 조리와 잘 어울리니, 장작의 불꽃과 연기를 쐬며 살짝 굽기 좋은 식재료라 생각합니다. 저희 안티카 로칸다 미야모토(antica locanda MIYAMOTO)에서는 잉걸불을 만들기 위해 태운 장작의 강한 불꽃으로 단숨에 구운 오징어를 전채 요리로 자주 제공합니다. 다리와 몸통으로 나눠 각각 익히는 정도를 달리하는데, 다리는 몸통보다 오래 굽습니다. 그래도 속까지 완전히 익히지 않고 겉면만 군데군데, 특히 빨판을 중심으로 살짝 그을립니다. 몸통은 갈라서 한쪽 면을 5초만 구워, 익어서 조금 단단해진 식감과 생오징어 같은 쫀득한 식감을 동시에 즐기게 합니다. 화력이 강해서 불에서 내려도 잔열로 계속 익기 때문에, 몸통을 곧바로 식혀서 잔열로 더 익지 않게 하는 것도 중요합니다. (오너 셰프 미야모토 겐신)

1	2	3

장작용 난로에서 장작을 태우는 화상에 상수리나무 장작을 우물 정자로 쌓고, 가운데에 가느다란 가지를 꽂아 넣는다. 가지에 불을 붙여 불길을 일으킨다.

불이 붙고 10분 정도 지난 모습. 불길이 안정되면, 그 공간을 둘러싸며 쌓은 벽돌과 구이대에 석쇠를 걸쳐서 달군다.

석쇠 바깥쪽의 불꽃이 직접 닿지 않는 지점에 화살오징어의 다리를 놓고 굽는다. 최대한 속을 익히지 말고, 겉면에 구운 자국과 고소한 향만 내는 느낌으로 굽는다.

4

가끔 다리를 옮기며 불꽃이 닿을 듯 말 듯 한 위치에서 굽는다. 특히 빨판에 고소한 향과 그을린 지국을 충분히 낸다. 1분 내외로 굽고 불에서 내린다.

point!

모든 면을 고르게 굽는 것이 아닌, 군데군데 고소한 향을 입힌다.

5

가른 오징어의 몸통을 석쇠에 5초간 올려서 한쪽 겉면만 지진다. 불에서 내리고, 잔열로 더 익지 않게 곧바로 냉장실에서 급랭한다.

몸통 완성

한쪽 겉면만 익혀 살짝 단단한 식감이 난다. 속은 날것이라 오징어 특유의 쫀득함이 살아있다. 미야모토 씨는 '균일하게 익히지 않았으니, 익은 부분과 날것인 부분의 맛의 대비를 즐기길 바란다'라고 말한다. 은은하게 감도는 훈연향도 식욕을 돋운다.

주키니호박 굽는 법

주키니호박 본연의 풋풋한 맛을 살리고자 연구한 끝에 터득한 구이법입니다. 중심까지 알맞게 익어서 속까지 따끈하면서도, 수분이 유지되어 신선한 느낌이 살아있게 했습니다. 포인트는 벌겋게 달아오른 장작 잉걸불 가까이에 대고 구워, 주키니호박에 강한 열을 빠르고 고르게 가하는 것. 겉면이 너무 익어서 촉촉하고 탄력 있는 식감을 잃기 전에, 속까지 열을 전달합니다. 거의 익어서 겉면에 구운 색이 예쁘게 나면, 그다음에는 소금을 뿌리고 멀리 떨어진 불에서 구워 주키니호박 속의 수분을 조금만 끌어냅니다. 겉면에 수분이 스며 나오면서 생기는 수증기로 고소한 향을 돋보이게 하려는 것입니다. 마무리로 바르는 녹인 버터와 스며 나온 미량의 수분이 잉걸불에 방울로 떨어져 피어오르는 연기의 향도 입혀, 주키니호박의 고소한 맛을 배가시킵니다. (오너 셰프 다이라 마사카즈)

> **point!**
>
> 그릴과 잉걸불의 거리는 약 4cm.
> 매우 강한 불 가까이에 대고 굽는다.

1	2	3	4

1 피자용 화덕에서 만든 장작 잉걸불을 두드려서 잘게 부순다. 이때에 벌겋게 달아오른 강한 잉걸불을 골라서 사용한다.

2 부순 잉걸불을 손잡이가 달린 철제 상자에 가득 채워 넣고, 특별 주문한 구이대*의 맨 윗단에 놓는다.

3 주키니호박은 양 끝을 잘라내고 세로로 반을 잘라 모서리를 다듬고, 단면이 아래로 가게 그릴에 올린다. 그릴은 미리 오븐에 달궈서 올리브유를 발라둔다.

4 주키니호박 단면에 구운 색이 연하게 나면 뒤집는다. 이를 반복해서 겉면에 고소하게 구워진 얇은 막을 만들고, 속의 수분을 유지하면서 가열한다.

---

* 마스다벽돌㈜에 특별 주문한, 높이 35cm×폭 22cm×안길이 30cm의 잉걸불 조리용 구이대. 재료를 굽는 맨 윗단의 그릴과 그 아래에 잉걸불을 담는 철제 상자의 거리를 4단계로 조절할 수 있다.

5

도중에 가끔 주키니호박을 손끝으로 눌러봐서 익었는지 확인한다. 화력이 약하다고 느껴지면 잉걸불을 추가한다. 구운 자국이 고르게 나도록 방향을 적절히 바꿔준다.

6

7분 정도 지나서 속까지 익어 뜨거워지기 직전이 되면, 주키니호박 단면에 소금을 뿌린다. 이때 소금을 뿌리는 이유는 간도 하고, 겉면에 수분이 약간 스며 나오게 하려는 것이다.

7

수분이 스며 나오며 향이 올라오면 주키니호박을 뒤집는다. 물방울이 떨어져 연기가 나므로, 잉걸불을 담은 싱크를 맨 아래로 옮겨서 먼 불로 뭉근한 열과 연기를 쐰다.

8

타지 않게 면을 뒤집으며 계속 굽는다. 만져봐서 탄력을 확인하며, 중심부까지 익어서 뜨거워진 상태로 만든다. 여기까지 구운 시간은 10~13분.

point!

너무 오래 익히는 것은 금물. 탄력을 보며 익은 타이밍을 잡는다.

9

마무리로 주키니호박 단면에 녹인 버터를 발라, 풍미를 더하면서 겉면을 촉촉하게 만든다. 뿌린 소금이 떨어지지 않게, 솔로 가볍게 두드리며 바른다.

10

주키니호박을 뒤집는다. 녹인 버터가 잉걸불에 방울로 떨어지면서 피어오르는 훈연향을 1분 정도 입히고, 불에서 내린다.

완성

면을 뒤집으며 고온 가열을 반복해, 겉면에 고소한 얇은 막이 생겼다. 속은 알맞은 타이밍에 따끈하게 익으면서도, 날것에 가까운 신선한 식감과 수분이 남아있다. 장작의 연기와 버터로 풍부한 향을 입혔다.

양파 굽는 법

양파의 달큰한 맛과 중심부의 몽글한 질감을 끌어내기 위해, 장작을 활활 태우고 있는 벽돌 장작 화덕 속에서 천천히 시간을 들여 굽습니다. 굽는 곳은 불꽃에서 30~40cm 떨어진 선반 위. 겉면은 까맣게 타고, 속의 몇 장은 퍼석퍼석해지지만, 중심부는 수분을 머금고 단맛도 응축되어 있습니다. (셰프 하루타 가즈히로)

1

장작을 태우며 한창 잉걸불을 만드는 중에, 데워진 장작 화덕 내부 위쪽의 격자 모양 선반에 껍질을 벗긴 양파를 올린다. 불꽃과 선반의 거리는 30~40cm 정도.

2

양파의 면과 방향을 바꾸며 아래의 불꽃에서 올라오는 열과 벽돌의 복사열로 약 1시간 동안 천천히 굽는다. 그동안 새 장작을 추가하며 불꽃을 강하게 일으킨다.

point!

양파의 겉면이 균일하게 타도록, 면과 방향을 자주 바꿔준다.

3

양파는 수분이 빠지면 가벼워지므로 가끔씩 들어봐서 수분을 머금고 있는지 확인한다. 겉면이 까맣게 타고 속이 몽글하고 부드러워지면 그때 꺼낸다.

완성

까맣게 탄 겉면과 그 속의 몇 장을 벗겨내고, 몽글하고 부드러운 중심부를 요리에 사용한다. 너무 많이 익으면 중심부도 수분이 날아가 퍼석해지므로, 장작 화덕에서 꺼내는 타이밍에 주의한다.

베베쿠의

적피망 굽는 법

장작 화덕 속에 넣어, 겉면이 그을고 속의 과육이 부드러워질 때까지 굽습니다. 양파처럼 고온의 환경에서 굽지만, 가열을 단시간에 끝내서 과육의 수분이 유지되고 단맛도 제대로 납니다. 이번에는 적피망을 사용했는데, 크기에 따라 가열 시간을 늘리거나 줄이면 파프리카로도 응용할 수 있습니다. (셰프 하루타 가즈히로)

1

적피망의 껍질을 고소하게 굽기 위해, 스프레이로 해바라기씨유를 뿌린다.

2

양파 구이와 마찬가지로, 장작을 태우며 한창 잉걸불을 만드는 중에 장작 화덕 내부 위쪽의 선반에 적피망을 올리고, 3분 정도 굽는다.

3

적피망을 뒤집고, 3분 정도 더 굽는다.

4

겉면이 구워진 상태와 집게로 만졌을 때의 감촉을 확인한다. 겉면이 검게 그을어 쭈글쭈글해지고, 속은 익어서 부드러워지면 꺼낸다.

완성

point!

꺼내는 시점은
겉면의 질감으로 판단한다.
쭈글쭈글해지고, 고소하게
그을면 된다.

그을린 껍질을 벗기고, 씨를 제거해 요리에 사용한다. 속의 과육은 단맛이 제대로 나오고, 입안에 착 감기는 부드러운 식감이 난다. 너무 오래 구우면 탄내가 강하고, 필요 이상으로 수분이 빠져서 식감을 잃으므로 주의한다.

두 가지 순무와
깍지 완두콩 굽는 법

저희 생선과 채소 요리 나와야(魚菜料理 繩屋)는 채소와 산나물을 구울 때도 장작을 기본 열원으로 사용합니다. 자주 쓰는 방법은, 채소를 담은 프라이팬을 장작 오븐 속에 그대로 넣고 굽는 것입니다. 벌겋게 달아오른 강한 잉걸불이 쌓인 장작 오븐 속에서 가열하면 고소한 맛이 나면서, 채소에서 나오는 수증기로 장작 오븐 속이 마치 스팀 오븐 같은 상태가 되어 촉촉하게 구울 수 있습니다. 겉면의 수분이 적당히 빠져서 풍미가 응축되는 것도 장점이지요. 다만 타기 쉬워서 장작 오븐 속에서는 단시간만 가열하는 것이 철칙입니다. 그래서 잘 익지 않는 채소를 구울 때, 여러 가지 채소를 한 프라이팬에 구울 때는 미리 한 번 익혀야 합니다. (점주 요시오카 유키노부)

> **point!**
> 나중에 장작의 고온으로 단숨에 구우므로,
> 완두콩과 익는 정도를 맞추기 위해
> 먼저 가열한다.

1

작은 순무(아야메유키 순무)는 줄기를 몇 센티미터 남기고 4등분으로 자른다. 종류가 다른 작은 순무도 마찬가지로 줄기를 남기고 반으로 잘라서 크기를 서로 맞춘다. 손잡이가 분리되는 프라이팬에 순무의 껍질이 아래로 가게 담는다.

2

효율적으로 열을 전달하기 위해 유채기름을 약간 두른다. 잉걸불이 될 때까지 장작을 태운 장작 오븐 위에서 달궈진 철판에 프라이팬을 올리고 먼저 가열한다. 이 지점은 중불이다.

3

약 5분 후에 깍지 완두콩을 넣고, 유채기름을 두르고 소금을 뿌려 철판 위에 1분간 둔다. 장작 오븐 안에 거치대를 넣고, 아래에 잉걸불을 깔아 거치대를 달군다.

4

순무의 면을 뒤집고, 완두콩을 프라이팬 손잡이 쪽으로, 순무를 프라이팬 안쪽으로 옮긴다. 유채기름을 더 두르고 소금을 뿌린다.

5

장작 오븐 안에 있는 잉걸불에 풀무로 바람을 불어넣어 화력을 높인다. 오븐은 안쪽이 온도가 높으므로, 잘 익지 않는 순무는 안쪽, 완두콩은 바깥쪽에서 굽는다.

6

완두콩을 바깥쪽에 있는 프라이팬 손잡이 근처에, 순무를 프라이팬 안쪽에 늘어놓는다. 프라이팬을 오븐 안의 거치대에 올리고, 손잡이를 분리한다.

7

풀무로 잉걸불에 바람을 불어넣어 벌겋게 달아오르게 하며 화력을 높인다. 장작 오븐의 문을 닫고, 밀폐 상태로 1분~1분 30초간 굽는다.

8

프라이팬을 꺼내서 채소의 면을 뒤집으며 익은 상태를 확인하고, 얼마나 더 가열할지 정한다. 보통은 1~2분 정도 더 굽는다.

9

다시 오븐에 넣고 문을 닫는다. 이날은 1분 조금 넘게 가열했다. 프라이팬을 꺼내서 채소의 구운 면을 보고, 타기 직전까지 고소하게 구워졌는지 확인한다.

완성

point!
장작 오븐에서 가열하면
타기 쉬우므로, 단시간만에
다 구워졌는지 빠르게 판단한다

채소의 겉면은 수분이 살짝 빠져서 아삭하게 씹히는데, 씹을수록 속에서 따뜻한 즙이 쭈욱 배어 나온다. 장작 오븐의 강한 열량으로 가열해서 만들어낸 고소한 맛과 응축된 채소의 단맛이 서로 두드러진다.

밥 짓는 법

잉걸불이 될 때까지 장작에 타오르는 강한 불꽃을 활용해 짓는 질냄비 밥은 저희 레스토랑의 대표 메뉴입니다. 코스에서는 니에바나 밥(煮えばなのご飯, 쌀이 끓은 직후에 갓 익은 밥을 뜻함 - 옮긴이), 그다음에 뜸을 들인 밥, 잉걸불로 구운 누룽지 등 3가지 형태로 제공합니다. 특별 주문한 장작 오븐 위에는 아궁이처럼 가열할 수 있는 구멍이 있는데, 거기에 질냄비를 올려서 밥을 짓습니다. 열전도가 좋지 않은 질냄비로 밥을 설익히지 않고 맛있게 지으려면, 장작을 활활 태운 불꽃으로 가열해 최대한 단시간에 끓이는 것이 중요합니다. 이번에는 약 375g의 쌀과 물을 넣은 600cc들이 질냄비를 약 7분간 불꽃에 대고 끓인 후, 아궁이 구멍을 덮은 판 위에 2분간 두어 밥을 지었습니다. 쌀 고르는 법, 씻는 법, 쌀과 물의 양, 불리는 시간은 가스 불로 지을 때와 동일합니다. (점주 요시오카 유키노부)

> **point!**
> 착화 시에는 장작을 교대로 쌓아
> 공기가 잘 통하게 한다.

1	2	3	4
			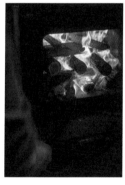

장작은 인근의 토지와 건축 회사에서 구한 것이다. 이날은 1년 정도 말린 아까시나무를 중심으로 사용했다. 난로 안에 설치한 장작 오븐 속에 장작을 우물 정자로 쌓고, 가운데에 가느다란 대나무를 꽂아 넣는다.

영업 약 1시간 전, 가스 밸브에 호스를 연결한 버너로 착화한다. 대나무를 중심으로 강한 불꽃을 대면, 서서히 전체가 타기 시작한다. 공기를 주입하기 위해 오븐의 문은 닫지 않는다.

장작이 타면서 부서지면, 공기가 들어갈 간격을 두며 수시로 장작을 더 넣는다. 장작 오븐 위로 뻗은 굴뚝에서도 불꽃이 분출되고, 난로 전체가 데워지면서 강한 상승 기류가 발생한다.

장작이 잉걸불이 되면 부수고, 새 장작을 추가한다. 풀무로 바람을 불어넣어 화력을 높인다. 이를 반복하며, 거세진 불꽃이 오븐 안에서 잦아들지 않고 밖으로 불거져 나올 때까지 태운다.

5

착화 후 약 40분 만에 불꽃이 불거져 나오는 모습. 장작 오븐의 문을 조금만 연 채, 오븐 위에 있는 아궁이용 판 뚜껑을 열어 활활 타는 불꽃이 올라오게 한다.

6

30분간 불린 교탄고에서 생산된 고시히카리 약 375g과 물 500g을 넣은 질냄비를 아궁이 구멍에 올린다. 질냄비 바닥에 불꽃이 닿아 가열되는 구조이다. 오븐 내부는 계속 강한 불을 유지한다.

> **point!**
>
> 질냄비 바닥에 불꽃이 고루 닿도록, 풀무로 오븐 안에 바람을 불어넣으며 장작을 계속 활활 태운다.

7

질냄비를 불에 올린 지 약 7분 후, 냄비 안에서 부글부글 끓는 소리가 나면 뚜껑을 열고 젓가락으로 가볍게 휘젓는다. 냄비 바닥에 눌어붙는 것을 막는 작업이다.

8

질냄비를 장작 오븐에서 내려 아궁이의 판 뚜껑을 덮고, 그 위에 다시 질냄비를 올려서 약불로 약 2분간 가열한다. 그동안 오븐 내부의 화력을 높이지 말고 자연스럽게 둔다.

9

장작 오븐에서 질냄비를 내리고, 니에바나 밥을 그릇에 덜어 제공한다(110쪽). 남은 밥은 뚜껑을 덮고 20분 정도 뜸을 들인 후 저어주고, 일부를 누룽지용으로 덜어둔다.

완성

표면에 반짝반짝 윤기가 돌고, 부드러우면서 알알이 살아있어 꼬들꼬들한 식감이 난다. 요시오카 씨의 말에 의하면, 장작의 강한 화력과 열기가 오래 유지되는 질냄비 덕분에 쌀의 단맛이 잘 보존되고, '특히 식었을 때 맛이 확연히 다르다'라고 한다.

잉걸불에 구워 누룽지 만들기

질냄비에 지은 밥의 일부를 잉걸불에 구워서 만든 '누룽지'를 코스 마지막에 제공한다(110쪽). 다 지은 후 덜어둔 밥을 원반 모양으로 만들어 컨벡션 오븐에 겉면을 말리고, 잉걸불 위에 걸쳐둔 석쇠에 올려서 약불로 굽는다(A). 아랫면에 고소한 향과 노릇한 색이 나면 뒤집고, 양면이 바삭바삭하고 고소해질 때까지 굽는다(B).

숯과 장작을 병용할 때
불 피우는 법

1

조리용 난로 바닥에 다리가 달린 석쇠 (30cm×40cm)를 놓고, 그 위에 톱밥숯 (이하, 숯)을 겹치지 않게 깔아준다. 그 위에 길이는 30cm로 같지만 굵기는 제각각인 졸참나무 장작을 5개 늘어놓는다.

2

철제 화로대에 전날 영업에서 남은 뜬숯(약 10개. 부족하면 새 숯도 추가한다)을 넣고, 센 불로 켠 가스레인지에 올려 불을 붙인다.

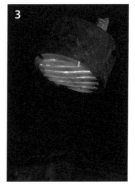

3

몇 분 지나면 뜬숯에 불이 붙어서 화로대 바닥이 벌겋게 달아오른다. 화로대를 들어 올려, 바닥으로 1의 장작을 꽉 누르듯이 놓는다.

4

점차 뜬숯에서 불길이 솟아오른다. 장작에 불씨가 옮겨가서 장작 표면에 타닥타닥하고 빨간 점이 보이면, 아직 불이 붙지 않은 다른 장작도 바닥으로 꽉 눌러준다.

5

점차 장작에서 불꽃이 타오른다. 불꽃이 타오른 장작은 한 차례 난로 안쪽 벽에 기대어 세워, 장작의 수분을 빼면서 장작 전체에 불길을 퍼뜨린다. 장작을 다시 모으고 가운데를 비운다.

6

다리가 달린 석쇠에 깔아둔 숯 위에 뜬숯을 덮어서 펼친다. 다리가 달린 석쇠를 사용하는 이유는 재가 석쇠 아래에 떨어져 재료에 묻는 것을 방지하고, 재가 열을 차단하지 않게 하는 것이다.

오사카의 스페인 요리 전문점 알라르데(Alarde)에서는 장작의 불꽃과 잉걸불을 열원의 주축으로 삼으면서도, 기본적으로는 숯의 잉걸불을 병용하고 있다. 여기서는 장작과 숯을 병용할 때 불 피우는 법의 예시를 소개한다. 숯은 오래 타고 화력이 강한 톱밥숯, 장작은 불이 오래가는 졸참나무, 떡갈나무 등 활엽수를 사용한다. 처음에 장작 불꽃으로 조리하다가, 잉걸불이 만들어지면 장작과 숯 잉걸불로 조리하는(합계 2시간 분량) 상황을 가정했다.

꺼진 숯을 펼친 데 위에 불이 붙은 장작을 八자 모양으로 다시 세우고, 공기가 통하는 길을 만들어 불꽃이 잘 피어오르게 한다.

난로 아래에 설치된 팬을 켜서 바닥에서부터 바람을 일으킨다. 설치된 팬이 없으면 핸디 팬, 부채, 풀무 등으로 바람을 불어넣는다.

장작을 눕혀서 다시 늘어놓고, 활활 타오르는 불꽃으로 모든 장작을 태운다.

불꽃이 큰 삼각형 모양으로 타오르면 그릴을 놓고, 장작의 불꽃을 이용하는 재료를 굽기 시작한다.

장작에 불을 붙인 지 30분 정도 지나면 장작이 잉걸불로 변한다.

잉걸불이 된 장작을 골라 석쇠에서 내리고, 난로 바닥 바깥쪽에 놓고 부순다. 또한 이후에 재료를 구울 때도 난로 내부 온도가 높다고 느껴지면, 숯을 석쇠에서 내려 화력을 조절한다.

필요한 화력에 맞춰 장작 잉걸불의 양과 쌓는 높이를 조절하고, 그 위에 재료를 굽는다. 뒤쪽에서는 아직 장작이 타고 있지만 안에 팬이 설치된 덕트가 있어서, 그 불꽃은 바깥쪽의 잉걸불로 익히는 것에 영향을 거의 주지 않는다.

PART 3

장작불 요리에 관한 생각과
다양한 요리

장작불을 도입한 지 약 2년~10년 이상이 된,
다양한 장르와 콘셉트를 지닌 레스토랑 10곳이 선보이는
풍부한 베리에이션의 장작불 요리 레시피 약 50점을 모두 실었다.
점포별 장작불 조리용 설비에 관한 정보,
셰프와 오너가 가진 장작불에 대한 생각도 소개한다.

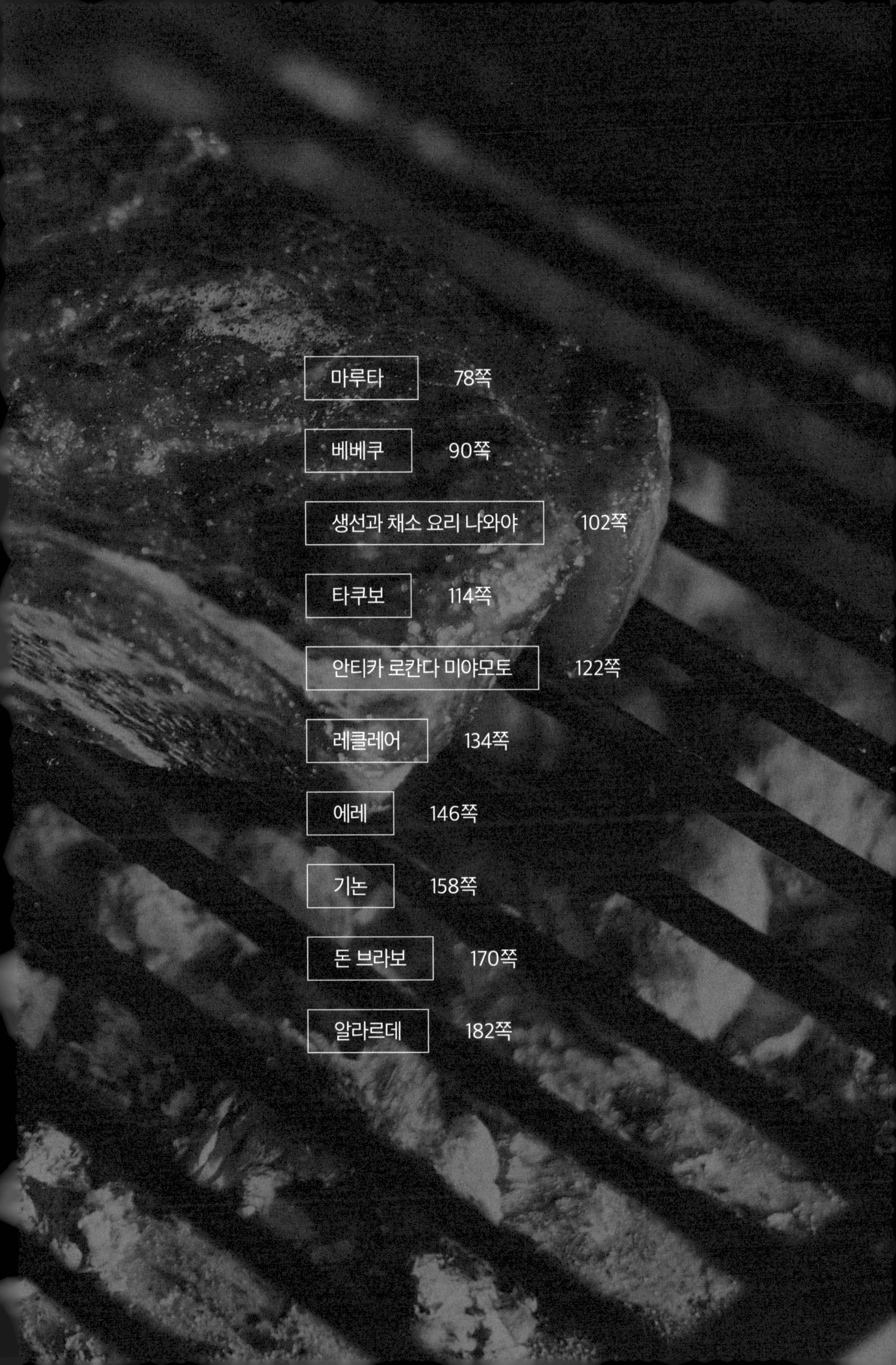

01

마루타

Maruta

주소 도쿄도 죠후시 진다이지키타마치 1-20-1

영업시간 점심 11:30 도어 오픈 · 12:00 일제히 시작(토요일, 일요일 한정)

  저녁 17:30 도어 오픈 · 18:00 일제히 시작(토요일, 일요일, 월요일 한정)

정기 휴일 화요일, 수요일(목요일, 금요일은 재료 준비일)

메뉴 오마카세 코스 24,000엔(세금 포함)

객단가 32,000엔

좌석 수 테이블 22석

장작불 조리 설비 제작 비용 점포 시공비에 포함된 관계로 산출 불가

장작불 조리 설비 시공 에프엔플래닝

1개월 장작 비용과 사용량 70,000엔(약 700kg)

장작 보관 장소 점포에 딸린 정원, 연통 외벽 부분, 난로 옆

수종 졸참나무, 상수리나무, 벚나무

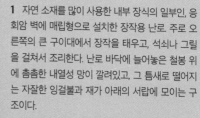

1 자연 소재를 많이 사용한 내부 장식의 일부인, 응회암 벽에 매립형으로 설치한 장작용 난로. 주로 오른쪽의 큰 구이대에서 장작을 태우고, 석쇠나 그릴을 걸쳐서 조리한다. 난로 바닥에 늘어놓은 철봉 위에 촘촘한 내열성 망이 깔려있고, 그 틈새로 떨어지는 자잘한 잉걸불과 재가 아래의 서랍에 모이는 구조이다.

2 셰프 이시마쓰 가즈키 씨

3 점내에는 길이 5.5m의 큰 테이블이 2대 있고, 여기에 모든 손님이 둘러앉는 공동 식탁 스타일이다. 주방은 모두 오픈되어 있고, 손님은 식사 중에도 자유롭게 다니며 조리하는 모습을 볼 수 있다. 허브와 나무를 기르는 정원도 있어서, 식사 전후에 산책도 가능하다. 정원에 마련된 작은 장작 화덕을 조리에 활용하기도 한다.

도쿄 교외의 녹음이 우거진 땅에 단독 건물로 자리한, 기존 요리의 장르에 구애받지 않는 장작불 요리를 선보이는 레스토랑 마루타. 돌로 된 벽에 매립형으로 설치한 난로는 점포 설계 단계에서는 난방용이었지만, 셰프 이시마쓰 가즈키 씨가 장작불 조리에 도전하고자 시공업자와 상담해 조리용으로 변경했다. 난로 내부에는 철제 구이대가 큰 것과 작은 것 2대 설치되어 있는데, 주로 오른쪽의 큰 구이대에 장작을 태우며 재료를 굽고, 왼쪽의 작은 구이대는 보온에 이용한다. 영업 중에는 항상 난로에 불을 피워서, 장작이 타는 모습과 소리, 향, 따스함을 즐길 수 있게 한다.

이시마쓰 씨는 장작에서 나오는 열을 남김없이 쓰기 위해 불꽃부터 잉걸불, 훈연, 재까지 활용하며 재료마다 어울리는 장작불 조리법을 찾아내고 있다. 예를 들어 소고기 덩어리는 잉걸불과 불꽃으로 구운 후 냉장실에서 냉각하는 공정을 반복해, 파삭하게 지진 겉면과 육즙이 가득한 속의 대비를 표현한다. 생선은 재에 파묻어서 말린 후 잉걸불로 껍질을 바삭하게 굽고, 살은 섬세하게 익힌다. 채소는 불꽃에 살짝 굽거나, 훈제하거나, 따뜻한 재에 파묻어 천천히 가열한다. 가열법을 폭넓게 확장해 약 10가지 요리로 구성한 코스의 주재료는 모두 장작불이기에 가능한 방식으로 맛을 표현한다. 특히 중요시하는 점은 완성된 순간에 직접 느껴지는 장작 연기 특유의 향과 따끈한 온도감이다. 그래서 곁들임 소스와 요리를 먼저 서빙하고, 요리에 대한 설명도 마친 후에, 다 구워진 주재료를 썰지 않은 채로 제공하는 스타일의 메뉴가 많다. 손님에게 난로 근처에서 조리하는 모습을 직접 보게도 하고, 가끔은 가볍게 굽는 조리를 체험하게 하며, 연출도 포함한 다양한 수단으로 장작불 조리의 매력을 전하고 있다.

point!

누에콩에 소기름을 묻혀
불꽃 속에서 가볍게 구우며
그슬려서, 마치
'소고기' 같은 풍미를 낸다.

만드는 법

1 누에콩을 깍지에서 빼고, 얇은 껍질을 벗긴다. 손잡이가
   달린 체에 담아, 녹인 소기름을 묻히고 소금을 뿌린다(**A**).

2 장작을 태워서 불꽃을 크게 일으킨다. 불꽃 속에 1을 넣어
   몇 초간 살짝 굽고, 체를 크게 흔들며 콩을 뒤적여 단숨에
   수증기가 피어오르게 한다. 다시 불꽃 속에서 몇 초간 살
   짝 굽고 흔드는 작업을 2~3번 반복한다(**B**).

3 누에콩에 고소한 향과 그을음이 입혀지면 불에서 내린다.
   체를 크게 흔들며 콩을 뒤적인다.

4 3을 접시에 담고, 결정 소금*을 뿌린다. 마리골드와 레몬
   버베나 새싹으로 장식한다.

5 곁들임 요리는 누에콩을 굽기 전에 미리 준비한다. 종지
   에 머귀나무 오일을 붓고, 풋콩 두반장**과 소금을 섞은
   수제 리코타를 담는다. 말린 머귀나무를 장식하고, 4와 함
   께 제공한다.

---

*   결정 소금: 도쿄 오오시마산 소금을 녹인 소금물을 재결정화시킨다.

** 풋콩 두반장: 삶은 풋콩, 보리누룩, 소금, 할라페뇨 파우더를 섞어
    3개월 이상 상온에 두고 발효시킨다.

누에콩과 소기름 장작 구이,
머귀나무와 풋콩 두반장

누에콩을 불꽃 속에서 살짝 구워 꺼내고, 흔들어 섞는 작업을 여러 번 반복하며 가열한다. 누에콩에 묻힌 소기름이 불꽃에 떨어져 활활 타오르면, 장작의 향이 배고 살짝 그슬려서 '구운 고기와 같은 감칠맛과 향의 미묘한 변화'가 생긴다고 한다. 삶은 누에콩과 달리, 오독오독하게 씹히는 것도 특별한 장점이다. 점포의 정원에서 딴 허브의 새싹을 곁들이고, 종지에 담은 요리와 함께 제공한다. 종지 요리는 풋콩으로 만든 두반장으로 매콤한 맛을 낸 리코타에 머귀나무 풍미의 오일과 말린 머귀나무를 얹은 것. 유제품의 부드러운 감칠맛, 두반장의 매콤함, 머귀나무의 청량함이 사이사이에 들어가 수시로 맛이 변하는 누에콩에 자꾸만 손이 간다.

탄화 당근, 발효 버터와
구운 호로파 오일

부서진 잉걸불 조각과 뜨거운 재 속에서 미리 가열하고, 새까맣게 탄화할 때까지 장작 불꽃으로 겉면을 태운 당근이 주인공인 매우 인상적인 요리. 생당근을 알루미늄 포일로 감싸서 난로 밑에 재를 모아둔 서랍에 하룻밤 동안 넣고, 천천히 단맛을 끌어내며 촉촉하고 부드러워질 때까지 가열한다. 제공하기 직전에 장작 불꽃에 구워 겉면만 완전히 태워서 탄화시킨다. 손님이 직접 나이프로 세로로 반을 자르게 해서, 속을 떠먹는 재미를 준다. 발효 버터와 캐러멜 향이 나는 호로파 오일을 곁들여 달큰한 당근의 맛을 돋보이게 하고, 양하 꽃봉오리 피클의 산미와 미나리의 쓴맛으로 포인트를 주었다.

point!

뜨거운 재를 당근 가열에 재활용한다. 제공하기 전에 불꽃에 구워서 겉면을 탄화시켜 인상적인 비주얼을 만든다.

만드는 법

1 당근은 껍질째 쌀기름을 묻히고, 펼친 알루미늄 포일 가운데에 올려 소금을 뿌린다. 알루미늄 포일을 사방에서 접어 완전히 감싼다.

2 영업 종료 후, 난로 아래의 서랍에 모인 잉걸불 조각과 재 속에 1을 하룻밤 동안 넣어둔다(**A**).

3 다음 날, 2를 꺼내 알루미늄 포일을 연다. 당근이 익어서 물러져 있다(**B**).

4 장작을 태워 불꽃을 크게 일으킨다. 불꽃의 2/3 높이에 맞춘 그릴에 석쇠를 올리고, 3의 당근 줄기가 난로 안쪽을 향하게 석쇠에 올린다(**C**). 불이 닿는 면부터 타므로, 집게로 굴리면서 모든 면을 균일하게 태운다. 4분 정도 구워 겉면이 골고루 검게 탄화되면, 곁들임(**5**) 요리를 준비한 접시에 담는다.

5 곁들임 요리는 당근을 굽기 직전에 미리 준비한다. 수제 발효 버터를 개서 크림 형태로 만들고, 접시 가운데의 왼쪽에 담는다. 구운 호로파 오일*을 떨어뜨리고, 해당화 비니거로 피클을 만든 양하 꽃봉오리와 미나리 새싹으로 장식한다.

---

* 구운 호로파 오일: 까맣게 태워 캐러멜 같은 향을 낸 호로파를 쌀기름에 담근다.

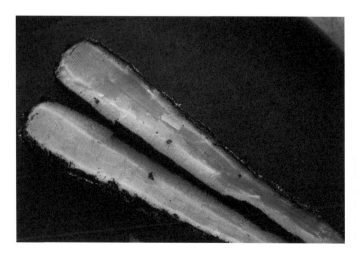

세로로 반을 자른 당근의 단면. 속은 매우 촉촉한 식감이 난다. 태운 겉면은 거북한 아린 맛이 나지 않으니, 입안에 조금 들어가도 맛에 문제는 없다. 오히려 은은한 쓴맛과 고소한 맛이 당근의 단맛을 돋보이게 한다.

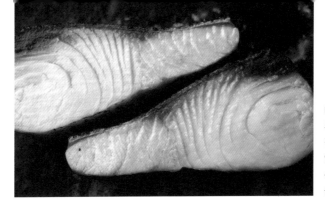

다 굽고 곧바로 반으로 자른 부시리. 바삭바삭 고소한 껍질에는 훈연향이 깊이 배어 있고, 촉촉하고 폭신하며 신선한 살은 본연의 풍미와 향을 간직하고 있다.

만드는 법

1. 부시리(약 10kg)는 포를 뜬다. 소금을 가볍게 뿌리고, 30분~1시간 동안 햇볕에 말린다. 하얀 천에 싸서 재 속에 묻고, 냉장실에 꼬박 2일 동안 넣어서 말린다.

2. 잉걸불을 구이대 아래에 깔고 평평하게 고른다. 잉걸불 몇 cm 위에 있는 철제 틀에 석쇠를 올린다.

3. 1의 부시리를 토막 내고, 껍질이 아래로 가게 2의 석쇠에 올린다(A). 바람을 불어넣지 말고 약한 잉걸불 그대로 구운 자국이 날 때까지 굽는다. 잉걸불에 수분이 떨어져 연기가 나는 것은 괜찮지만, 기름이 떨어져 불길이 일어나면 타기 쉬우므로, 적절히 석쇠째 조금 들어 올리며 불이 닿는 정도를 조절한다.

4. 껍질에 구운 자국에 생겨 파삭파삭해지면, 석쇠째 불에서 떨어뜨리고 면을 뒤집어 살을 아래로 놓는다.

5. 잉걸불의 약 30cm 위에 있는 철제 틀에 설치한 그릴에 4를 석쇠째 올리고(B), 멀리 떨어진 센 불로 4분 정도 굽는다.

6. 익어서 적당히 탄력이 느껴지면, 살의 옆면을 아래로 놓는다(C). 몇십 초 후에 뒤집어, 반대쪽 면도 불에 닿게 한다.

7. 마무리로 등 쪽의 두툼한 살의 속까지 익도록 두툼한 부분을 석쇠에 바짝 대고, 몇십 초마다 방향을 바꾸며 굽는다. 속까지 익어서 적당히 탄력이 생기면 접시에 담는다.

8. 생선을 굽기 전에 소스를 미리 만들어 둔다. 부시리 뼈 육수를 내고, 수제 버터밀크와 야생 목이버섯을 넣어 끓인다. 다진 산초 열매를 넣어 불을 끄고, 소금과 후추로 간을 한다.

9. 다른 그릇에 8을 담고, 송송 썬 멧두릅 줄기와 발효 롱 페퍼*, 땅두릅꽃을 흩뿌리고, 완숙 산초를 담근 오일을 떨어뜨린다. 7과 함께 제공한다.

---

* 발효 롱 페퍼: 롱 페퍼를 소금물에 담가 발효시킨다.

'특유의 훈연향이 나는 장작 구이와 말린 생선이 잘 어울릴 것 같아서' 이시마쓰 씨는 시행착오를 거듭하며 생선마다 어울리는 건조법과 구이법을 찾고 있다. 이번에는 기름이 오른 부시리를 햇볕에 말린 후 장작불 재에 묻어서 한 번 더 말리고, 잉걸불에 구웠다. 껍질은 불 가까이에 대어 고소하게 굽고, 살은 멀리 떨어진 불에 닿는 면을 바꿔가며 천천히 굽는다. '상상 이상으로 빨리 익기 때문에', 다 구워졌는지 수시로 확인하는 것이 포인트이다. 곁들이는 소스는 부시리 뼈 육수와 수제 버터밀크를 베이스로 만든다. 밀키한 발효 향에 야생 목이버섯, 개성 있는 풍미의 산나물과 향신료를 더해 생선의 비린내를 잡으면서, 맛의 변화를 즐기게 한다.

point!

생선을 재에 묻어서 말린 후
잉걸불에 구워, 맛을 해치는
요소인 생선 비린내를
장작의 향으로 커버한다.

재에 묻어서 말린 부시리 장작 구이,
야생 목이버섯과 버터밀크

point!

장작불의 강한 화력으로
'구워서 급랭하는' 과정을 반복해
겉면에 층을 쌓듯 지지며
바삭한 식감을 낸다.

만드는 법

1 소고기(12세 정도의 흑모화종 경산우로 70일 숙성) 설로인 겉면의 변색 부분, 지방, 힘줄을 잘라내고, 약 280g(2~3인분)을 썬다. 지방은 따로 보관한다(**A**).

2 30분~1시간 정도 장작을 태워서 만든 잉걸불을 구이대 전체에 펼친다. 구이대 왼쪽에서 장작을 계속 태우고, 잉걸불이 부족해지면 수시로 보충한다(**B**).

3 남겨둔 1의 소기름을 녹여서 1의 고기에 묻히고, 모든 면에 소금을 뿌린다. 잉걸불 바로 위에 있는 철제 틀에 석쇠를 놓고, 고기를 올려 센 불에 가까이 대어 굽는다. 잉걸불에 바람을 불어넣어 화력을 높이고, 떨어진 기름으로 불길을 일으킨다(**C**).

4 수시로 굴리며 면을 바꿔, 모든 면을 고온으로 가열한다. 모든 면에 연한 색이 날 때까지 데워지면, 배트에 옮겨 서랍형 냉장실에 넣고 급랭한다(**D**).

5 4는 겉면만 구웠기 때문에 금세 차가워진다. 차가워지면 바로 냉장실에서 꺼내, 녹인 소기름을 다시 고기에 묻힌다.

6 이후에는 잉걸불을 적당히 추가해 평평하게 고르고, 4~5와 마찬가지로 겉면을 균일하게 가열해 모든 면을 굽고 데워지면 급랭하는 작업을 10~11회 정도 반복한다. 고소한 향과 구운 색이 나고, 중심 온도가 55~58℃가 될 때까지 가열한다.

7 이날은 7번째 가열할 때 겉면에 고소한 향과 구운 색이 났으며(**E**), 중심 온도는 약 38.8℃가 되었다. 같은 작업을 3~4번 더 반복하며 겉면이 타기 직전까지 굽는다. 완성 단계인 10번째에 타기 직전까지 구워지고, 고소한 향도 충분히 나며 중심 온도는 약 50℃가 되었다.

8 마무리로 굽기 전에, 곁들임 요리를 준비한다. 훈제 무*를 왼쪽 구이대 맨 위에 놓고, 적당히 데워지면 얇게 썰어 나무 접시 구석에 담는다.

9 7의 고기가 너무 타지 않게 신경 쓰며 마무리로 굽는다(**F**). 겉면에 바른 소기름이 흘러 모두 떨어지고, 고기 속에서 기름이 배어 나와 탁탁 소리가 나기 시작하면 불에서 내려서 8의 접시에 담는다. 결정 소금을 곁들여 고기를 덩어리째 제공하고, 손님이 직접 썰어 취향에 맞게 소금을 뿌려서 먹게 한다.

* 훈제 무: 왼쪽 구이대 맨 위에 있는 그릴에 껍질을 벗기지 않은 무를 통째로 놓고, 영업 중에 태우는 장작의 열과 연기로 3~4일에 걸쳐 말린다. 열이 균일하게 들어가도록 가끔 굴리며 불이 닿는 면을 바꿔준다. 지름이 반 정도 줄어들고 겉면이 오그라들어 물러지면 완성. 냉장실에 보관한다.

숙성 소고기 장작 구이

소고기는 강한 불꽃과 잉걸불로 겉면을 굽고 급랭하는 작업을 10번 이상 반복하며, 약 1시간 반에 걸쳐 조리하는 기법을 쓴다. 데워지면 배어 나오는 육즙을 지져서 층을 쌓아 올리듯 타기 직전까지 구워, 겉면에 장작의 훈연향을 가득 입히고 바삭한 식감을 냈다. 구워서 급랭하면 속이 많이 익지 않고 신선함이 유지되는 것도 이 구이법의 진가이다. 이시마쓰 씨는 '풍미가 진하고 감칠맛도 강한 숙성 경산우는 장작 구이라는 조리법에도 존재감이 묻히지 않는 힘이 있다. 숙성 고기만의 견과류 향도 장작의 훈연향과 궁합이 좋다'고 말한다. 수분이 빠져 오그라들 때까지 훈연한 무를 곁들여, 응축된 풍미와 독특한 식감으로 입가심을 할 수 있다.

장작불 케이크

이곳의 특징인 '장작불'을 인터넷 판매용 구움 과자로도 표현하기 위해, 파티시에와 시행착오를 거듭해 완성한 요리. 상자를 여는 순간, 사르르 피어오르는 장작의 향으로 호평을 받고 있다. 영업 시 장작불로 캐러멜리제하며 훈연향을 입히는 작업을 손님 앞에서 선보이고, 디저트로도 제공한다. 장작으로 훈연한 향과 잘 어울리는 풍미를 찾은 끝에, 베이스인 캐러멜 파운드케이크에 스모키한 위스키를 넣었다. 케이크에 바르는 시럽과 겉면을 감싸는 글라스 아 로에도 똑같이 위스키를 섞어서 훈연향 같은 풍미를 전면에 내세웠다.

point!

케이크에 뿌린 슈거파우더에 직접 장작 불꽃을 붙여 캐러멜리제한다. 이곳의 특성을 집약한 요리.

A

만드는 법　※ 길이 32cm×폭 3.9cm×높이 3.5cm 케이크 틀 12개 분량

1. 믹싱 볼에 상온 상태로 만든 수제 발효 버터 800g을 넣고, 포마드 형태로 만든다. 설탕(소분당, 가고시마현 아마미 군도산 사탕수수 100% 설탕으로 미네랄이 풍부하고 부드러운 맛이 난다 - 옮긴이) 400g과 트레할로스 200g을 넣고 덩어리지지 않게 고루 섞어 걸쭉하게 만든다. 수제 캐러멜 400g을 넣고 고루 섞는다.

2. 달걀 680g을 2번에 나누어 넣고, 거품이 생기지 않게 천천히 휘젓는다.

3. 아몬드 가루 120g, 소금 4g을 넣고 위스키(보우모어 No.1. 이하 같음) 120g을 조금씩 부으며 천천히 섞는다.

4. 3을 큰 볼에 옮겨 담고, 체로 친 박력분 678g을 넣고 고루 섞는다.

5. 스크레이퍼로 윗면을 고르며 작은 기포를 터뜨려 매끈하게 만든다. 마블용 수제 캐러멜 320g을 넣고 가볍게 섞는다.

6. 깍지를 끼운 짤주머니에 5를 담고, 케이크 틀(녹인 버터를 바르고, 강력분을 뿌린다)에 290g씩 짜 넣는다. 틀째 여러 번 내리쳐 공기를 뺀다. 팔레트나이프로 반죽 가운데가 낮아지도록 모양을 만들며 윗면을 정돈한다.

7. 160℃ 컨벡션 오븐에서 약 30분간 굽는다. 바로 틀에서 분리하고, 뜨거울 때 위스키 시럽*을 모든 면에 30g씩 바른다. 상온에서 식힌다.

8. 완전히 식으면 바닥을 제외한 3면에 주걱으로 글라스 아 로**를 꼼꼼히 얇게 바른다. 겉면이 굳을 때까지 상온에 둔다.

9. 장작을 태워 가벼움이 느껴질 때까지 탄화시킨다.

10. 8의 윗면에 슈거파우더를 듬뿍 뿌린다. 9의 장작을 집게로 집어 슈거파우더 위에 20~30초 정도 얹어 불꽃을 쬐며 캐러멜리제한다(A). 장작을 바꿔가며 3~4번 반복해 불꽃을 대고, 하얀 슈거파우더가 남지 않게 고루 캐러멜리제한다. 그동안 케이크 위에서 불꽃이 꺼져 연기가 피어오르며 훈연이 된다. 검게 탄 알갱이가 생기면 제거한다.

11. 냉장실에 차갑게 두어 윗면이 바삭하게 굳으면 완성.

---

* 위스키 시럽: 30도 보메 시럽 160g과 위스키 200g을 섞는다.
** 글라스 아 로: 슈거파우더 400g과 위스키 90g을 섞는다.

제가 본격적으로 장작불 조리에 매진하게 된 것은 이 레스토랑이 처음인데, 호주에서 근무했던 레스토랑에서는 유칼립투스 나무로 숯을 만들어 그 잉걸불로 빵과 고기를 구웠습니다. 그 후 자연과 공생하는 지속 가능한 순환형 레스토랑이라는 콘셉트를 내세운 이곳 '마루타'의 셰프로 선임되면서, 호주에서의 경험을 토대로 자연스럽게 장작불 조리에 도전하기로 결심했습니다. 하지만 난로의 내부 구조 검토부터 시행착오의 연속이었습니다. 개업 후에도 구이대 크기와 높이를 4번 정도 세세하게 수정했습니다. 조리할 때 주변이 너무 어둡다는 사실을 뒤늦게 깨닫고, 난로 옆에 가동식 조명도 설치해야 했지요.

저희 레스토랑의 오너가 구상한 레스토랑은 '난로를 바라보며 모든 손님이 테이블에 둘러앉아 식사를 즐길 수 있는 곳'입니다. 그래서 손님이 계시는 동안은 난롯불이 꺼지지 않게 하는 것이 원칙입니다. 정원에서 딴 허브와 직접 기른 채소, 근처 야산에서 채취한 산나물과 버섯으로 요리를 장식하고, 그것들을 활용해 조미료도 가능한 직접 만들어, 자연의 혜택을 마음껏 누리는 것을 지향합니다. 장작에서 나오는 열도 모두 사용하기 위해 처음에는 활활 타는 장작으로 메인 요리인 고기를 굽기 시작하고, 이어서 그 외 재료를 다양한 형태의 장작불(불꽃, 잉걸불, 훈연, 재)로 조리하는 흐름을 자연스럽게 이어갑니다. 저는 주로 프랑스 요리를 배워서 프랑스 요리의 감각을 기반으로 하지만, 장르에 구애받지 않고 장작불과 재료를 중심으로 한 조리법을 연구합니다. 어느 나라 요리가 아닌 '장작불 요리'라는 말이 딱 맞는다고 할 수 있지요.

셰프

이시마쓰 가즈키

1988년 도쿄 출생. '카엠', '에디션 고지 시모무라'에서 프랑스 요리를 배운 후, 2015년에 호주로 건너가 멜버른 교외의 자급자족형 레스토랑 '블라에'에서 경력을 쌓았다. 귀국 후 현재 레스토랑의 오너 회사인 ㈜그린와이즈와 만나, 2018년 '마루타' 개업에 즈음해 설립 단계부터 참여했다.

02

베베쿠

bb9

주소　효고현 고베시 주오구 모토마치도오리 3-14-5

영업시간　점심 12:00 일제히 시작,
　　　　　　저녁 18:00, 19:00, 20:00 중 한 시간대에 시작

정기 휴일　비정기 휴무(주로 수요일)

메뉴　오마카세 코스 24,200엔~(계절에 따라 변동)

객단가　40,000엔

좌석 수　테이블 12석

장작불 조리 설비 제작 비용　약 1,000만엔
　　　　　　　　　　　　　　(장작 화덕, 구이대, 덕트, 주방 내 단열재 등)

장작불 조리 설비 시공　정원사, 철공 작가 등으로 구성된 시공 팀

1개월 장작 비용과 사용량　70,000엔(2t 트럭 약 1대 분량)

장작 보관 장소　장작 화덕 토대 아래, 점포 2층, 부엌문, 창고

수종　졸참나무

1 주방 안쪽 한구석에 장작 화덕과 구이대를 함께 설치하고, 거기에 덕트 후드를 집중시켜 원활한 급배기 장치를 마련했다.

2 잉걸불을 갈아둔 석쇠 위에서 재료를 굽도록 특별 주문한 구이대를 2대 도입했다. 석쇠를 놓는 틀(약 30cm×45cm)은 핸들로 높이를 최대 40cm까지 올릴 수 있다. 잉걸불을 깐 그릴의 틈새로 재가 떨어지면 아래의 서랍에 모이는 구조이다.

3 잉걸불을 만드는 대형 장작 화덕. 표면에는 내화 벽돌을 설치하고, 내부에는 내화 단열 벽돌을 파묻었다.

4 오너 소믈리에 니시카와 마사이치(오른쪽) 씨와, 2023년부터 셰프를 맡고 있는 하루타 가즈히로(오른쪽) 씨.

5 점포 내에는 테이블 석만 있다. 멀리서 오는 타지 손님이 절반을 차지하는데, 손님의 대부분은 와인 페어링 13,000엔(절반 8,500엔)을 주문한다.

'장작 잉걸불로 모든 재료를 굽는 스페인 바스크의 아사도르를 재현해보자'라는 아이디어로, 소믈리에 니시카와 마사이치 씨와 요리사 사카이 쓰요시 씨가 2011년 효고현 고베에 오픈한 장작불 요리 전문점, '누다'. 그곳의 내부 시설과 주방 설비를 장작불 조리에 더욱 적합하도록 처음부터 다시 만들고, 2014년에 이름도 새롭게 바꿔서 오픈한 것이 베베쿠이다. 누다에서는 간이 구이대에서 장작 잉걸불로 조리했는데, bb9에는 잉걸불을 가득 만들 수 있는 장작 화덕과 핸들로 높이를 세밀하게 조절할 수 있는 구이대를 마련했다. 장작의 열과 연기의 향이 손님의 자리까지 새어나가지 않게 주방을 설계했다. 현재는 프랑스 요리, 이탈리아 요리, 북유럽 요리 등 다양한 장르를 경험한 후 이곳에서 장작불 조리를 익힌 하루타 가즈히로 씨가 셰프로 주방을 이끌고 있다.

이곳이 다른 장작불 요리 전문점과 차별화된 점은 재료를 익히는 하나의 방식, 조리 테크닉, 프레젠테이션의 수단으로 장작을 활용하는 것이 아닌, 모든 요리의 주재료를 장작 잉걸불로 굽는 '잉걸불 요리 전문점'이라는 콘셉트를 명확히 내세우고 있다는 것이다. 장작을 태우는 화덕 안에서 구운 채소를 곁들이기도 하는데, 요리의 주재료는 반드시 구이대에 깔아둔 잉걸불로 조리한다. 요리를 구성하는 요소는 주재료뿐이고, 곁들임과 소스를 함께 내더라도 3가지 이내로 제한해, 잉걸불로 구운 재료의 맛을 직접적으로 표현한 요리 12~13가지를 오마카세 코스로 제공한다. 사용하는 장작은 잘 타도록 2년에 걸쳐 충분히 자연 건조한 졸참나무. 잉걸불을 한 번에 대량으로 만들기 위해 지름 30cm 장작을 4조각 낸 굵은 것을 사용한다.

point!

장작 잉걸불의 열과
훈연향을 입혀
'따뜻한 캐비아'의 맛을
전한다.

캐비아

장작 잉걸불의 연기를 쐬며 데운 캐비아. 열을 가해 캐비아 본연의 진한 감칠맛과 촉촉하면서 부드러운 식감을 돋보이게 했다. 니시카와 씨의 말에 의하면 '염분 농도가 낮고 기름기가 적은 캐비아를 사용해, 따끈하면서도 열기가 너무 많이 들어가지 않고 식감과 풍미가 유지되는 50℃ 정도로 맞춰야 이 맛을 표현할 수 있다'라고 한다. 페어링으로 샴페인과 부르고뉴 레드 와인(피노누아) 2잔을 제공하는데, 샴페인과 캐비아라는 대표적인 마리아주에 더해, 일반적으로 어울리지 않는다고 알려진 '레드 와인과 생선알'이라는 인상적인 조합을 제안한다. 장작 연기의 훈연향으로 생선알 특유의 비린내를 완전히 커버한 캐비아는 과일 맛이 순하고 부드러운 레드 와인과 궁합이 매우 좋다.

만드는 법

1   철망 석쇠 위에 촘촘한 체를 뒤집어 놓고, 해바라기씨유를 조금 바른다. 캐비아(라트비아 모트라 사 제품 '스털렛'. 염분 농도는 2.5~3.5%)를 올리고 뚜껑을 덮는다(**A**).

2   장작 화덕에서 만든 잉걸불을 구이대에 옮기고, 가볍게 산처럼 쌓아서 높이를 만든다(**B**). 구이대의 핸들로 석쇠를 올릴 틀을 위아래로 움직여 잉걸불과의 거리를 4~5cm로 조절하고, 1을 석쇠째 틀에 올린다.

3   잉걸불에 해바라기씨유를 스프레이로 뿌려 연기를 일으키고(**C**), 캐비아에 훈연향을 입히며 데운다.

4   뚜껑을 열어 주걱으로 캐비아를 고루 저어주고, 전체 온도를 균일하게 맞추며 한 알 한 알에 충분히 연기를 쐰다(**D**). 뚜껑을 덮고 다시 잉걸불에 기름을 뿌려 연기를 일으키고, 뚜껑을 열어서 저어주는 작업을 캐비아가 50~52℃가 될 때까지 3~4번 반복한다. 원하는 온도에 도달하면 곧바로 뚜껑이 있는 그릇에 담아 제공한다.

만드는 법

1   가다랑어(와카야마현에서 '켄켄 어업'으로 잡은 것)는 포를 떠서 약 100g으로 자르고, 상온 상태로 만든다.

2   장작 화덕에서 만든 잉걸불을 구이대에 옮긴다. 구이대 틀 위에 석쇠를 올려서 달구고, 핸들을 돌려서 맨 아래까지 내려 잉걸불 가장 가까이에 댄다.

3   석쇠에 해바라기씨유를 뿌린다.

4   1의 가다랑어에 스프레이로 해바라기씨유를 뿌리고, 모든 면에 소금을 뿌린다. 껍질이 아래로 가게 석쇠에 올리고, 껍질을 충분히 굽는다.

5   껍질에 고소한 향과 구운 자국이 날 만큼 충분히 구워지면, 핸들로 틀을 올려서 잉걸불과의 거리를 20~25cm로 조절한다. 잉걸불 속에 포도나무 가지 1개를 넣는다.

6   가다랑어 살이 아래로 가게 석쇠에 올리고, 멀리 떨어진 불로 데우듯이 굽는다. 색이 변할 만큼 너무 익지 않게 주의하며 균일하게 가열한다.

7   포도나무 가지에서 나오는 은은한 연기를 쐬어 훈연하듯이 데운다.

8   살의 색이 변하지 않게 계속 신경 쓰며, 속은 날것이지만 사람의 피부 온도 정도로 데운다. 불에서 내리고, 썰어서 접시에 담는다. 얇게 썰어 레드 와인 비니거와 소금에 버무린 적양파를 얹는다.

가다랑어 굽는 법과 과정은
PART 2 (61쪽)에 게재

point!

가다랑어 고유의 맛을 살리는
온도와 향을 내기 위해,
잉걸불과의 거리를 조절하며
포도나무 가지로
향을 입힌다.

켄켄 가다랑어

가다랑어의 껍질을 잉걸불 가까이에 대고 충분히 구워 고소한 향을 내고, 살을 멀리 떨어진 불에 살짝 데워 마무리한다. 속은 날것이지만 사람의 피부 정도의 온도로 데워서, 신선하고 질 좋은 붉은살 생선 고유의 쫄깃하고 착 감기는 식감과 진한 맛을 강조했다. 마무리로 포도나무 가지의 은은한 연기로 훈연해, 섬세하고 부드러운 향을 입히는 것도 포인트. 생 적양파 샐러드의 산뜻한 맛과 식감이 가다랑어의 진한 맛을 돋보이게 한다.

만드는 법

1 오리(가와우치 오리) 가슴살을 다져서 뇨라 고추 페이스
   트, 소금, 아주 소량의 간 마늘과 함께 믹서에 갈아준다.
   6cm×3.5cm×2.5cm 사각 무스링에 채워 넣는다.

2 1을 상온 상태로 만든다.

3 장작 화덕에서 만든 잉걸불을 구이대에 조금 옮기고
   (A), 구이대 틀 위에 석쇠를 올려서 달군다. 핸들을 돌
   려 잉걸불과 석쇠의 거리를 5~6cm로 조절한다.

4 2의 초리소의 위아래 면과 석쇠에 스프레이로 해바라
   기씨유를 뿌린다.

5 4의 초리소를 석쇠에 올리고, 면을 뒤집으며 데우는 느
   낌으로 굽는다(B). 1분 정도 지나, 겉면이 굳으면 무스
   링을 분리한다(C).

6 면을 뒤집으며 2~3분간 더 구워, 위아래에 균일하게
   열을 가하는 느낌으로 고루 데운다(D). 속까지 사람의
   피부 온도 정도로 데워지고, 고기가 레어로 익으면 불
   에서 내린다.

7 반으로 잘라 접시에 담고, 여러 종류의 어린잎을 수북
   이 올린다.

point!

잉걸불의 은은한 열로,
따뜻하면서도
신선함과 부드러움을 지닌
유니크한 초리소를
만든다.

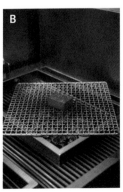

오리 초리소

장작 잉걸불의 은은하고 뭉근한 열을 쬐어 '따뜻한 타르타르 스테이크'처럼 만든, 다진 오리고기 '타르타르풍 초리소' 요리. 절묘한 온도로 데운 오리는 감칠맛이 더욱 강하게 느껴지고, 위에 얹은 어린잎 샐러드와 함께 먹으면 뒷맛이 산뜻하다. 반은 그대로, 나머지 반은 함께 제공하는 작은 빵 사이에 넣어 남미식 초리소 샌드위치 '초리판'처럼 먹는 것을 추천한다.

어린 양과 양파를 굽는 과정은 PART 2(46, 68쪽)에 게재

만드는 법

1 어린 양(프랑스 리무쟁산)의 숄더랙을 손질해 뼈 2개 분량을 자르고, 상온 상태로 만든다.

2 고기에 스프레이로 해바라기씨유를 뿌리고, 소금을 뿌린다.

3 장작 화덕에서 만든 잉걸불을 구이대에 조금 옮기고, 구이대 틀 위에 석쇠를 올려 달군다. 핸들을 돌려 잉걸불과 석쇠의 거리를 약 20cm로 조절하고, 석쇠에도 해바라기씨유를 뿌린다.

4 2의 고기를 비계가 아래로 가게 석쇠에 올려 굽기 시작한다. 살짝 데워지면 면을 뒤집어 뼈를 아래로 놓고 굽는다. 데워지면 양쪽 옆면, 살이 두툼한 부분 순으로 아래로 놓고 굽는다. 이렇게 면을 바꿔가며 전체를 데운다.

5 화력이 약해지면 잉걸불을 더 넣고, 면을 바꿔가며 더 굽는다. 열기가 잘 들어가지 않는 부분을 중점적으로 구우며, 모든 면을 균일하게 익힌다. 고기가 두툼한 부분을 아래에 놓고 구울 때는 집게를 사용하거나, 둥글게 뭉친 알루미늄 포일을 지지대 삼아 고기가 쓰러지지 않게 받친다.

6 고기의 탄력을 확인해서 중심이 장밋빛을 띨 정도로 익었다고 판단되면, 잉걸불을 더 넣고 핸들을 돌려서 석쇠를 내리며 잉걸불 가장 가까이에 댄다.

7 비계를 아래로 놓고, 고소하게 구워 마무리한다. 진한 갈색을 띠면 다른 면도 가볍게 구워 전체를 데운다.

8 불에서 내리고, 반으로 잘라 접시에 담는다. 단면에 소금을 뿌린다. 접시 위쪽에 장작 화덕에 구운 양파*를 담고, 아래쪽에 소스**를 흘린다.

* 소장작 화덕에 구운 양파: 장작을 태워 잉걸불을 만들고 있는 장작 화덕 내부 위의 선반에 껍질을 벗긴 양파를 놓는다. 면과 방향을 자주 바꿔가며 1시간 정도 굽는다. 겉면이 새까맣고, 속은 몽글하고 부드러워지면 꺼낸다. 겉면을 벗기고 속의 모양을 정돈해 소금을 뿌린다.
** 소스: 장작 화덕에 구운 어린 양의 뼈로 육수를 내고, 소금으로 간을 한다.

point!

잉걸불에 천천히 구워 보드라운 육질을 유지하면서 사박사박 씹히는 식감을 낸다.

리무쟁 어린 양고기

젖먹이에서 조금 성장해, 이제 막 풀을 먹기 시작한 프랑스 리무쟁산 어린 양의 숄더랙을 사용한다.
부드럽고 결이 고운 육질을 살리기 위해, 멀리 떨어져 있는 소량의 잉걸불에 구워 모든 면을 조금씩
균일하게 익힌다. 다 구워진 살코기의 속은 장밋빛을 띠고 사박사박 씹히며, 비계는 파삭하고 고소한
식감이 난다. 장작 화덕에 천천히 구워 몽글한 식감과 응축된 단맛을 끌어낸 양파, 어린 양을 우려낸
육수와 소금만으로 만든 심플한 소스를 곁들인다..

구마모토 적우 등심

point!

소금으로만 간을 해,
적우의 진한 맛과
장작에 구운 재료의 고소한 맛에
초점을 맞춘다.

마블링도 조금 분포되어 있지만 살코기의 맛이 더 돋보이는 '구마모토 적우'의 등심을 잉걸불 아주 가까이에 대고 구운 이곳의 대표 고기 요리. 잉걸불을 넉넉히 사용해, 구운 면은 바삭하고 고소하며 속은 따끈하면서도 레어인 상태로 완성한다. 곁들임은 장작 화덕에 구운 적피망으로, '고기와 적피망'이라는 스페인 바스크의 대표적인 조합을 표현했다. 또한 소금으로만 간을 해서 장작으로 익힌 재료의 참맛을 만끽하게 했다.

만드는 법

1 소고기(구마모토 적우) 등심을 약 3cm 두께로 썰고, 지방과 힘줄을 제거한다. 1인분 50~60g을 기준으로 2인분 이상의 덩어리로 잘라서(이번에는 100g) 상온 상태로 만든다.

2 고기에 스프레이로 해바라기씨유를 뿌리고, 굽는 면인 위아래 면에 소금을 뿌린다.

3 장작 화덕에서 만든 잉걸불을 구이대에 옮긴다. 구이대 틀 위에 석쇠를 올려 달구고, 핸들을 돌려서 맨 아래까지 내려 잉걸불 가장 가까이에 댄다.

4 석쇠에 해바라기씨유를 뿌리고, 소금을 뿌린 한쪽 면이 아래로 가게 석쇠에 올린다.

5 그대로 두어 3~4분간 굽고, 아랫면이 충분히 구워져 고소한 향과 갈색이 나면 면을 뒤집는다. 다시 그대로 두어 3~4분간 굽는다. 도중에 기름이 떨어져 불길이 일어

나면 고기를 석쇠에서 들어 올려 불꽃이 잦아들게 한다.

6 불에서 내려서 반으로 잘라 접시에 담고, 단면에 굵은소금을 살짝 뿌린다. 장작 화덕에 구운 적피망*을 곁들인다.

---

* 장작 화덕에 구운 적피망: 장작을 태워 잉걸불을 만들고 있는 장작 화덕 내부 위의 선반에 해바라기씨유를 뿌린 적피망을 가로로 놓는다. 3분 정도 굽다가 면을 뒤집어 3분 정도 더 구워 겉껍질을 까맣게 태운다. 껍질을 벗겨 과육을 막대 모양으로 썰고, 장작 화덕에 살짝 데운 후 소금을 뿌린다.

소고기와 적피망을 굽는 과정은
PART 2(34, 69쪽)에 게재

저희 레스토랑의 콘셉트를 한마디로 표현하면 '잉걸불 요리 전문점에서만 선보일 수 있는 요리'라 할 수 있습니다. 손님께도 '장작불 요리 전문점, 정확히는 잉걸불 요리 전문점인 저희 레스토랑은 모든 주재료를 장작 잉걸불로 굽습니다'라고 말씀드립니다. 장작 잉걸불과 잉걸불에서 타오르는 불꽃으로 모든 재료를 굽는 스페인 바스크의 '아사도르'를 재현하고자 개업했기 때문에, 아직 장작불을 취급하는 식당이 거의 없던 시절부터 '잉걸불 요리'를 하나의 전문 요리 장르로 개척하는 데 매진해왔습니다. 잉걸불로 구운 재료의 참맛을 가장 잘 보여주고, 요령이 통하지 않는 순수한 요리를 선보이고자 정성껏 생산, 준비한 질 좋은 재료를 사용하는 것을 철칙으로 합니다.

같은 잉걸불이라도 장작과 숯은 성질이 크게 다른데, 장작 잉걸불은 은은하게 감싸는 듯한 열로 속까지 완전히 익히지 않아 재료 본연의 맛과 식감이 유지되는 것이 특징이라고 생각합니다. 저희 레스토랑에서는 코스 12~13가지의 모든 요리를 장작 잉걸불로 굽기 때문에, 대형 장작 화덕에 장작을 태워 잉걸불을 가득 준비합니다. 잉걸불을 쓸 만큼 구이대에 옮겨 재료를 굽고, 필요에 따라 연기로 향을 입히는 것이 기본 방식입니다. 재료를 구울 때는 잉걸불의 양, 잉걸불과 재료 사이의 거리로 화력을 조절하며, 온도를 몇 도로 맞추고 어떤 향을 입힐지 명확히 정하는 것이 중요합니다. 저희가 표현하려는 요리의 향을 마음껏 즐기시려면 주방에서 손님 자리까지 퍼지는 연기의 냄새를 최대한 줄여야 하기 때문에, 장작불 조리용 설비를 손님 자리에서 멀리 떨어진 곳에 두고 덕트 후드도 집중적으로 설치했습니다.

오너 소믈리에
니시카와 마사이치

1969년 효고현 출생. 고베 포토피아 호텔에 있는 '알랭 샤펠'에서 근무하며 셰프 소믈리에도 역임했다. 스페인 바스크의 아사도르에서 경력을 쌓은 셰프, 사카이 쓰요시 씨와의 만남을 계기로 2011년에 '누다'를 개업했다. 2014년에 '베베쿠'로 리뉴얼 오픈했다.

03

생선과 채소 요리

나와야

Sakanaryori Nawaya

주소 교토부 교탄고시 야사카초 구로베 2517

영업시간 점심 11:45 도어 오픈·12:00 일제히 시작

저녁 18:15 도어 오픈·18:30 일제히 시작

정기 휴일 화요일, 수요일

메뉴 오마카세 코스 16,500엔, 대게 코스 시가 (11월 7일~3월 20일 한정)

객단가 22,000엔   **좌석 수** 카운터 8석

장작불 조리 설비 제작 비용 난로: 40만엔, 장작 오븐과 구이대: 20만엔,

연통 공사: 70만엔

장작불 조리 설비 시공 난로: ㈜후쿠다건축사무소,

장작 오븐과 구이대: ㈜야마모토,

연통 공사: 교토스토브판매

1개월 장작 비용과 사용량 일정하지 않음(400kg)

※ 기본적으로 자체 채소밭 근처에서 벌채한 목재를 약 1년간 건조한 것을
사용하고, 부족하면 근처 건축 사무소에서 30kg을 3,000엔에 구입한다.

장작 보관 장소 차고 등   **수종** 아까시나무, 느티나무, 벚나무 등

1 오른쪽에 장작 오븐, 왼쪽에 구이대가 있는 장작용 난로. 난로 전체가 데워지면 상승 기류가 발생해, 난로 상부에서 지붕 위까지 뻗은 연통으로 자연스럽게 배기되는 구조이다. 왼쪽 끝에 보이는 튜브는 발로 밟는 방식의 풀무. 장작 오븐은 점주 요시오카 유키노리 씨가 아웃도어 용품을 참고로 특별 주문 제작했다. 장작을 대량으로 태우면서 잉걸불을 긁어내기 편하게 개구부를 넓게 만든 것 외에, 오븐 상부에 분리 가능한 아궁이용 판을 설치해 판을 열고 질냄비를 올리면 장작 불꽃으로 밥을 지을 수 있게 하는 등 구체적으로 요청해 제작했다.

2 점내는 모든 카운터 석에서 장작불이 보이는 구조이다.

3 조리를 담당하는 요시오카 씨. 손님 응대를 맡은 아내 교코 씨와 호흡을 맞추며 운영하고 있다.

교토 교탄고시에서, 잘 알려지지 않은 지역의 산해진미가 지닌 매력을 전면에 내세운 요리를 오마카세 코스로 제공하는 레스토랑 '생선과 채소 요리 나와야'. 점주 요시오카 유키노리 씨는 2020년에 점포를 개조하면서 장작불을 열원으로 도입하게 되었다. 그동안 숯불로 조리하고 가스레인지로 질냄비 밥을 지었던 것을 장작불로 바꾸기로 하고, 지역의 철공소와 상담했다. 그 결과 장작용 개방형 난로 속에서 장작을 태워 잉걸불을 만들고, 재료를 넣어 굽고 상부의 아궁이에서 밥을 지을 수 있는 장작 오븐, 잉걸불을 깔고 그 위에 올린 철제 틀에 석쇠나 꼬치를 걸쳐 재료를 굽는 구이대를 마련했다. 난로 안쪽은 내화 콘크리트에 내화 단열 벽돌을 파묻어 마무리했다. 바깥에는 요시오카 씨가 직접 구운 벽돌을 쌓고, 토대에는 지역의 도예가에게 받은 도편을 붙여서 외장을 멋스럽게 꾸몄다.

'지천에 있는 지역의 제철 재료를 장작불 조리로 어떻게 살릴까?'를 생각하며 요리를 연구하는 요시오카 씨는 가열의 90%에 장작을 이용한다. 재료도 장작도 허투루 쓰지 않으며 코스의 흐름을 구상한다. 첫 번째 요리는 장작 오븐에서 장작을 활활 태운 불꽃으로 지은 질냄비 밥. 이때 가득 만든 잉걸불을 다음 요리에 사용하고, 필요에 따라 장작을 추가하며, 마지막에는 사그라진 잉걸불까지 가열에 모두 활용한다. 성질이 다른 열은 구분해서 사용하는데, 밥을 지을 때는 세차게 타는 강한 불꽃을 이용하고, 강한 불로 재빨리 가열하고 싶을 때는 장작 오븐 안에서 조리한다. 천천히 구울 때는 잉걸불과의 거리를 조절할 수 있는 잉걸불용 구이대를 사용하고, 아주 약한 불로 굽거나 냄비에 익힐 때는 사그라진 잉걸불이나 장작 오븐 상부의 철판을 사용하는 등 장작에서 나오는 열을 다채롭게 활용한다.

point!

신조를 굽고
국물을 데우는 데
화력이 강한 장작 오븐을
적극 활용한다.

만드는 법

1 큰돗대기새우(진흙새우. 생식이 가능할 만큼 신선한 것)의 머리와 껍질을 분리하고, 살을 굵게 다진다. 얇은 껍질을 벗긴 생 누에콩과 대강 섞다가, 소금을 넣고 섞는다.

2 달군 프라이팬에 유채기름을 얇게 두르고, 지름 약 5cm로 둥글게 빚은 1을 올린다.

3 장작 오븐 안에 장작과 잉걸불을 평평하게 정돈하고, ㄷ모양 거치대를 설치한다. 잉걸불에 바람을 불어 넣고, 충분히 벌겋게 달아오르면 2를 프라이팬째 거치대에 올린다(**A**).

4 장작 오븐 문을 닫지 말고 상태를 지켜보며 2~3분간 굽는다. 신조 겉면이 말라서 고소한 향이 살짝 나면 꺼낸다(**B**).

5 큰돗대기새우 껍질로 낸 육수를 냄비에 담고 스팀 컨벡션 오븐으로 데운다. 불이 타고 있는 장작 오븐 위에 올리고 한소끔 끓인다(**C**). 소금으로 간을 하고, 쌀가루를 풀어 걸쭉하게 만든다.

6 국그릇에 4를 담고, 5를 붓는다. 긴병꽃풀 잎과 꽃을 곁들인다.

큰돗대기새우
누에콩 신조 구이 국

장작 오븐에 구운 큰돗대기새우 누에콩 신조(새우, 게살, 흰살생선 등을 으깨서 마, 달걀흰자, 밑국물을 넣어 간을 하고, 둥글게 빚어 삶거나 튀기는 요리 - 옮긴이)를 건더기로 넣은 국. 장작 오븐 안에서 강한 잉걸불로 단시간만 가열해 신조 겉면에 고소한 향을 입히면서도, 속에 든 새우는 너무 익히지 않아 반은 날것에 가깝다. 누에콩은 조금 단단한 식감이 나게 굽는다. 젓가락으로 흩뜨려 스르르 풀어서, 고소한 겉면과 쫀득한 새우, 기분 좋게 씹히는 누에콩을 깔끔하면서 걸쭉하고 따뜻한 국물과 함께 즐긴다. 국물은 큰돗대기새우 육수, 소금, 걸쭉함을 내는 쌀가루만으로 만들어 심플한 맛이 난다. 신조에는 반죽을 뭉치는 재료를 넣지 않고 소금으로만 찰기를 내며 섞어서, 새우와 콩 본연의 풍미가 명확하게 드러나는 것도 포인트이다. 차조기 과의 들풀인 긴병꽃풀을 산뜻한 향의 요소로 곁들였다.

기름진 멧돼지 삼겹살로 복어를 말아, 복어에 기름기와 감칠맛을 보충하면서 간접적으로 구워 촉촉하고 탄력 있는 식감을 냈다. 처음에는 장작 오븐에 넣고 활활 타는 불꽃과 잉걸불로 익힌다. 고기의 기름이 방울로 떨어지며 피어오르는 불꽃과 연기가 오븐 안에 가득 차면 고기는 훈연 상태가 된다. 연기가 가득 피어오르기 때문에 개방형 구이대에서는 기름진 재료를 이렇게 가열하기 어렵지만, 장작 오븐은 내부의 연기를 연통으로 빨아들여서 주방과 손님 자리까지 잘 유출되지 않는 구조로 되어있다. 고기의 기름을 떨어뜨려 적당히 훈연향을 입힌 후, 왼쪽의 구이대로 옮겨서 약한 잉걸불로 천천히 가열하며 복어의 속까지 익힌다. 알싸하고 감귤과 비슷한 풍미를 지닌 머귀나무 소스와 산파의 꽃을 곁들여 청량감을 더했다.

복어 멧돼지고기 말이 장작 구이

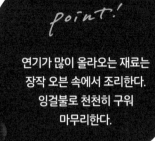

point!

연기가 많이 올라오는 재료는
장작 오븐 속에서 조리한다.
잉걸불로 천천히 구워
마무리한다.

만드는 법

1   머귀나무 소스*를 냄비에 담고, 끓는 물에 살짝 데쳐 채 썬 복어의 흰 껍질과 도토미(살과 껍질 사이에 있는 젤라틴이 많이 든 피하 조직)를 넣고 데운다. 소금으로 간을 한다.

2   얇게 썬 멧돼지 삼겹살을 펼쳐 소금을 뿌리고, 복어 등살을 올린다. 삼겹살을 말아서 꼬치를 끼운다.

3   장작 오븐에서 만든 잉걸불을 오른쪽 구이대에 조금만 옮겨서 깔아준다. 장작 오븐에 장작을 추가해 태우면서 안쪽 깊숙이 넣고, 잉걸불을 펼쳐서 평평하게 정돈한다. 장작 오븐 안에 꼬치를 걸칠 거치대를 놓는다.

4   장작 오븐에 바람을 불어넣어 장작의 불길을 크게 일으키고, 바깥쪽의 잉걸불도 벌겋게 달아올라 화력이 강해지면 2의 꼬치를 거치대에 걸친다(A). 장작 오븐의 문은 열어둔다.

5   고기에서 기름이 떨어져 불꽃과 연기가 세차게 피어올라 고기가 훈연 상태가 된다. 30초 정도 지나 떨어지는 기름이 줄어들면 면을 뒤집는다. 다시 기름이 떨어지며 불꽃과 연기가 피어오른다.

6   떨어지는 기름이 줄어들면 꼬치를 꺼내고, 왼쪽 구이대 위에 잉걸불을 더 넣고 펼친다. 바닥 10cm 위에 있는 철제 틀에 꼬치를 걸친다(B).

7   꼬치를 그대로 두고 약불로 천천히 굽다가, 아랫면에서 고소한 향이 나면 면을 뒤집어 같은 방법으로 굽는다. 마지막으로 한 번 더 면을 뒤집고 몇 초간 두어 양면을 뜨겁게 마무리한다.

8   7의 꼬치를 빼서 한입 크기로 썰고, 그릇에 담는다. 1의 흰 껍질과 도토미를 바로 앞에 담고, 1의 소스를 붓는다. 머귀나무 꽃을 흩뿌린다.

---

*   머귀나무 소스: 복어의 서덜로 낸 육수에 다진 머귀나무 잎과 소금을 넣어 부드러워질 때까지 끓이고, 믹서에 갈아서 액상으로 만든다.

point!

벤자리를 굽는 동시에
장작 오븐으로 곁들임 요리를 만들어
'적절히 익은' 상태로 접시에
함께 담는다.

**벤자리와 채소를 굽는 과정은
PART 2**(58, 70쪽)**에 게재**

만드는 법

1 벤자리(약 700g)는 포를 뜨고, 껍질에 칼집을 아주 잘게 넣는다. 꼬치에 끼우고, 소금을 뿌린다.

2 장작 오븐에 잉걸불을 만들고, 왼쪽의 구이대에 옮겨서 펼친다. 잉걸불이 벌겋게 달아오를 때까지 바람을 불어넣어 화력을 높인다.

3 1의 껍질을 아래로 놓고, 바닥에서 5cm 위의 철제 틀에 꼬치를 걸친다. 꼬치를 불 가까이에 대어 그대로 두고, 수시로 잉걸불에 바람을 불어넣으며 벌겋게 달아오른 센 불로 껍질을 굽는다. 생선의 수분과 기름이 떨어져 연기가 피어오르면 약간 훈연 상태가 된다.

4 껍질에 고소한 향이 나며 충분히 구워지면 면을 뒤집어 바닥에서 20cm 위의 철제 틀에 꼬치를 옮기고, 강한 불에서 멀리 떨어뜨려 살을 약 1분 30초간 가볍게 굽는다.

5 마무리로 면을 다시 뒤집고, 처음에 꼬치를 걸쳤던 철제 틀로 다시 옮겨서 껍질이 뜨거워질 때까지 굽는다. 꼬치를 빼서 생선을 자른다.

6 벤자리를 굽기 전에 곁들임 채소를 미리 준비해둔다. 껍질을 벗기지 않은 작은 순무(아야메우키 순무)와 종류가 다른 작은 순무의 잎을 적당히 잘라내고, 전자는 4등분, 후자는 세로로 반을 자른다. 깍지 완두콩은 꼭지와 섬유질을 제거한다.

7 6의 2가지 순무를 껍질이 아래로 가게 프라이팬에 올리고, 유채기름을 약간 두른다.

8 잉걸불을 태우는 장작 오븐 상부 오른쪽 안에 있는 철판(열을 오래 간직하고, 오븐에 장작을 태울 때 온도가 올라간다) 위에 7을 올리고 데운다. 약 5분 후에 깍지 완두콩을 넣고, 유채기름을 약간 두르고 소금을 뿌린다. 다시 철판 위에 1분 정도 둔다.

9 장작 오븐 안에 있는 잉걸불을 평평하게 정돈하고, 거치대를 설치한다. 8의 2가지 순무의 면을 뒤집고 유채기름과 소금을 더 뿌린 다음, 프라이팬째 거치대에 올린다. 바람을 불어넣어 화력을 높이고, 문을 닫는다. 약 1분 후에 꺼내서 2가지 순무와 깍지 완두콩의 면을 뒤집는다. 다시 오븐에 넣어 문을 닫고, 1~2분 후에 꺼낸다.

10 그릇에 순무 잎 소스*를 붓고, 5와 9를 담는다.

---

* 순무 잎 소스: 생 순무 잎과 줄기를 잘게 다지고, 절구에 으깬다. 거기에 쌀식초와 다시마 국물을 같은 비율로 넣고 소금으로 간을 한다.

벤자리와 채소 장작 구이

가까운 잉걸불과 먼 잉걸불을 구분해 사용하며, 두툼한 벤자리를 껍질은 바삭바삭하고 살은 신선함이 살아있게 구웠다. 바람을 불어넣어 벌겋게 달아오르게 한 잉걸불 가까이에서 껍질을 충분히 구운 후, 불에서 멀리 떨어뜨려 살을 뭉근하고 섬세하게 익힌다. 벤자리 아래에 깔아준 것은 식초와 다시마 국물로 맛을 낸 생 순무 잎 소스로, 산미와 풋풋한 맛이 기름이 오른 고소한 벤자리의 맛을 뒷받침한다. 곁들임 채소는 잘 익지 않는 것을 오래, 금방 익는 것을 짧게 미리 가열한 후, 장작 오븐 안에 있는 강한 잉걸불로 단숨에 구워, 각각을 최적의 상태로 완성한다.

만드는 법

니에바나(쌀이 끓은 직후에 갓 익은 밥)

1   쌀(교토 교탄고산 고시히카리) 375g을 씻어서 물과 함께
    질냄비에 담고, 30분간 불린다. 물을 따라 버리고, 쌀과
    새로운 물 500g을 질냄비에 담는다.

2   장작 오븐에 장작을 많이 넣고 착화해서 태운다. 장작
    오븐 상부의 판 뚜껑을 분리해 불꽃이 활활 타오를 때까
    지 기다리고, 불꽃을 위에서 막듯이 1의 질냄비를 올린
    다. 적절히 장작을 지피고, 바람을 불어넣어 센 불을 유
    지한다.

3   질냄비에서 끓는 소리가 나면(약 7분 후), 뚜껑을 열어서
    젓가락으로 가볍게 휘젓는다. 질냄비를 잠시 내려서 장
    작 오븐 상부의 판 뚜껑을 덮고, 그 위에 다시 질냄비를
    약 2분간 올려둔다.

4   질냄비를 오븐에서 내리고, 니에바나를 떠서 그릇에 담
    는다.

도미 고사리 밥

1   니에바나를 덜어낸 후에 질냄비 뚜껑을 덮고 약 20분간
    뜸을 들인다.

2   뚜껑을 열어 주걱으로 저어주고, 일부를 누룽지용으로
    덜어둔다.

3   고사리를 살짝 데쳐서 잘게 다진다. 다시마 국물로 희석
    한 간장을 넣고, 점도가 생길 때까지 휘젓는다.

4   2의 밥을 제공하기 전에 85℃ 스팀 컨벡션 오븐에 5분
    간 데운다. 밥을 그릇에 담고 납작하게 썬 도미를 올리
    고 3을 얹는다. 강판에 간 고추냉이를 맨 위에 올린다.

미나리 바지락 누룽지 죽

1   누룽지용으로 덜어둔 밥을 펼쳐서 지름 15~20cm, 두
    께 2~2.5cm의 원반 모양으로 만든다.

2   1을 160℃ 컨벡션 오븐에 20분간 넣어 겉면을 말린다.

3   구이대에 잉걸불을 깔고, 바닥 위 10cm에 있는 철제 틀
    에 석쇠를 걸친다. 잉걸불에 바람을 불어넣어 화력을 높
    인다.

4   2를 3의 석쇠 위에 올린다. 잉걸불이 재를 뒤집어써서
    연기가 나면, 재가 날리지 않을 만큼 수시로 바람을 불
    어넣어 화력을 높인다. 불에 닿는 면에서 고소한 향이
    나면 면을 뒤집고, 양면이 바삭바삭해질 때까지 굽는다.

니에바나

도미 고사리 밥

쌀밥 짓는 과정은
PART 2(72쪽)에 게재

5   다시마 국물에 바지락(미야즈만산)을 넣고, 입이 벌어질
    때까지 데운다. 바지락을 건져내고, 체에 거른 국물에 쌀
    가루를 넣어 걸쭉하게 만든다. 싱거우면 소금으로 간을
    한다.

6   달군 주철 냄비에 4의 누룽지를 담고, 잘게 다진 미나리
    와 5의 바지락 살을 올린다.

7   6과 뜨겁게 데운 5를 손님 자리에 옮기고, 5를 6에 끼얹
    는다. 전체를 가볍게 저어서 그릇에 담아 제공한다.

미나리 바지락 누룽지 죽

이곳에서는 코스 중 3번에 나누어 3가지 쌀 요리를 제공한다. 처음에는 잉걸불을 만들 때 활활 태우는 장작 불꽃으로 지은 질냄비 밥인 '니에바나'를 제공한다. 수분을 듬뿍 머금은 쌀의 단맛이 돋보이는 니에바나는 '이 순간'에만 맛볼 수 있다. 가이세키 요리의 제공 방법을 모방해 몇 입 먹으면 끝나는 소량을 작은 그릇에 담는다. 후반에는 니에바나를 적절히 뜸 들인 '밥'과, 잉걸불로 고소하게 구운 '누룽지'를 제공한다. 밥은 제철 생선과 채소 절임을 곁들여 순수한 흰밥의 맛을 즐기게 한다. 누룽지는 원반 모양으로 만든 밥을 잉걸불로 바삭하게 구운 것으로, 요즘에는 주로 냄비에 담아 제철 재료를 올리고 손님 앞에서 뜨거운 국물을 붓는 방식으로 제공한다. 이번 재료는 알이 굵은 바지락과 향이 풍부한 미나리로, 누룽지 특유의 고소함이 바지락 육수와 어우러져 깊은 맛이 난다.

point!

'사그라진 잉걸불'로 구운 딸기의
달콤한 향을 손님 자리에
전한다. 부드럽게 익어서
소스와 같은 역할을 한다.

만드는 법

1 딸기(노지 재배해 알이 큰 것) 꼭지를 떼고 꼬치에 꽂는다.

2 왼쪽 구이대에 잉걸불을 깔아준다. 잉걸불이 사그라져
   서 재가 얇게 덮이면, 바닥 위 5cm의 철제 틀에 1의 꼬치
   를 걸친다.

3 약한 잉걸불 그대로, 불에 닿는 쪽이 너무 타지 않게 주
   의하고 면을 뒤집으며 천천히 가열한다.

4 3분 정도 지나면 딸기 겉면에 작은 거품이 부글부글 끓
   으며 향이 퍼지기 시작한다(A). 손을 대면 으깨질 정도로
   부드러워지면, 불에서 내리고 꼬치를 뺀다.

5 딸기 아이스크림*을 담은 그릇에 4를 곁들이고, 잘게 채
   썬 민트 잎으로 장식한다.

A

---

* 딸기 아이스크림: 딸기와 딸기 중량의 20%만큼의 그래뉴당을 함
   께 가열해 잼을 만든다. 적당히 썬 별도의 딸기에 딸기 중량의
   10%만큼의 그래뉴당을 섞는다. 앞서 만든 잼과 별도로 준비한 딸
   기를 같은 비율로 믹서에 넣어 갈아주고, 냉동실에서 차갑게 굳힌
   다. 부숴서 다시 믹서에 넣고 매끈하게 갈아준다.

딸기

디저트는 고구마, 무화과 등 제철 과일을 장작 구이로 제공하기
도 한다. 요즘에는 요시오카 씨의 어머니가 본가의 채소밭에서
노지 재배한 크고 달콤한 딸기를 장작불에 구워 딸기 아이스크
림과 함께 제공한다. 재를 뒤집어써서 사그라진 잉걸불의 은은
한 열로, 가끔 면을 뒤집으며 딸기를 천천히 익힌다. 달콤한 딸
기의 향이 손님 자리까지 서서히 퍼져, 기대감을 높인다. 딸기
는 손을 대면 쉽게 뭉그러질 정도로 부드럽게 구워서 아이스크
림에 '소스' 같은 느낌으로 곁들인다. 뜨거운 딸기를 포크로 으
깨고, 차가운 아이스크림에 묻혀서 먹게 한다.

장작에 흥미를 갖게 된 것은 가게를 열기(2020년) 몇 년 전이었습니다. 장작불 요리 전문점 '베베쿠' (90쪽)에서 식사와 야외 이벤트로 직접 장작불 조리를 경험하면서, 지금까지 사용해 온 숯불과 가스, 스팀 컨벡션 오븐과는 또 다른 맛을 표현할 수 있다는 사실을 깨달았습니다. 그래서 점포를 장작불 조리에 맞게 개조하고, 독학으로 장작불 조리를 시작했습니다.

장작불은 숯불에 비해 재료가 마르지 않고 수분과 풍미, 식감이 유지되며, 특유의 훈연향으로 재료의 맛을 살릴 수 있는 점이 매력입니다. 무엇보다도 나무를 태워서 생기는 강한 열기가 재료에 전달되면, 그것이 맛으로 이어진다고 생각합니다. 개인적으로 장작으로 가열한 것은 뜨겁지만, 입에 머금으면 강력한 에너지가 느껴진다고 생각합니다. 또한 불꽃에서 잉걸불, 그리고 재가 되는 사이클로, 눈

깜짝할 새 변하는 불의 상태에 따라 다양한 조리가 가능한 점도 장작불 조리의 즐거움입니다. 지금은 국물을 내는 것과 뜸을 들이는 것 외에 가열 조리의 약 90%에 장작불을 이용하고 있는데, 다음은 찜 요리용 장작불 설비를 구상 중입니다.

개조 비용을 최대한 줄이고자 난로 내외장용 벽돌 제작과 마감 작업을 직접 했습니다. 장작 오븐은 아웃도어용 기성품을 들여올까도 고민했지만, 조리에 적합하지 않다고 판단되어 단념하고, 직접 도면을 그려서 지역의 철공소에 특별 주문했습니다. 또한 이곳은 산과 밭으로 둘러싸인 환경이고 건물도 인접하지 않는 땅입니다. 큰 연통을 설치할 수 있어서 도시에 비해 연기와 냄새에 크게 신경 쓸 필요가 없고, 고가의 배연 탈취 설비를 들이지 않아도 되는 점이 지방이라는 위치의 이점이라 할 수 있습니다.

점주

요시오카 유키노리

1974년 교토부 교탄고 출생. 오사카 시내에 있는 호텔의 일본 요리 전문점과 교토시의 할팽점을 거쳐 '무로마치 와쿠텐'에서 6년간 경력을 쌓은 후, 2000년에 귀향했다. 2006년에 가업인 요리 주문 배달업을 이어받아 일본 요리 전문점 '생선과 채소 요리 나와야'를 개업했다. 2020년 2월에 주문 배달을 종료하고, 같은 해 7월에 장작불을 사용하는 일본 요리 전문점으로 리뉴얼 오픈했다.

타쿠보

TACUBO

주소 도쿄도 시부야구 에비스니시 2-13-16

영업시간 16:00~23:00(라스트 오더 19:30)

정기 휴일 일요일

　　　　　(월요일이 공휴일인 경우, 일요일 영업 후 월요일 휴무. 그 외에 비정기 휴무 있음)

메뉴 오마카세 코스 26,000엔, 2시간제 코스 26,000엔~

객단가 35,000엔

좌석 수 카운터 8석, 룸 2실(각 6석)

장작불 조리 설비 제작 비용 약 300만엔(난로)

장작불 조리 설비 시공 난로: 마스다벽돌㈜,

　　　　　　　　　　　　연통과 아쿠아 필터: 일본에스시㈜

1개월 장작 비용과 사용량 약 10만엔(900kg)

장작 보관 장소 손님 자리 위에 있는 선반 외

수종 졸참나무, 대나무

1 소고기 장작 구이가 시그니처 메뉴였던 도쿄 아카사카의 '바카 로사'(2022년 폐점)의 장작용 난로를 모방해 만든 전면 개방식 난로. 바깥쪽은 내화 벽돌, 안쪽은 내화 내열 벽돌을 사용했다. 왼쪽에서 만든 장작 잉걸불을 오른쪽의 구이대에 옮겨서 재료를 굽는다. 장작을 태울 때 나오는 열기로 구이대에 굽는 재료에 영향을 주지 않기 위해, 왼쪽 난로 바닥을 오른쪽 구이대보다 낮게 설계했다.

2 오픈 키친의 카운터 석. 영업 중에는 난로를 가리는 철망 커튼을 쳐서, 주방 안과 카운터 석으로 열이 전달되는 것을 줄인다.

3 오너 셰프 다쿠보 다이스케 씨. 바카 로사에서의 연수 외에도 독학으로 장작불 조리를 익혔다.

2016년 이전에 즈음해, 장작 잉걸불 조리를 도입한 이탈리아 요리 전문점 타쿠보. 주문 제작한 장작용 난로는 장작을 태워 잉걸불을 만드는 공간과 그릴을 놓는 구이대만 갖춘 간결한 형태이다. 형상, 재질, 시공업자 모두, 점주 다쿠보 다이스케 씨가 장작 구이를 배운 이탈리아 요리 전문점인 바카 로사를 모방했다. 난로 상부에 벽돌이 없어 복사열이 적기 때문에, 그릴 아래에 깔린 잉걸불 이외의 열로 인해 재료에 스트레스를 줄 일이 거의 없다는 점이 특징이다. 잉걸불용 장작은 향이 무난한 졸참나무를 선택했다.

다쿠보 씨는 장작만이 표현할 수 있는 익힘 정도를 추구한다. 장작 불꽃은 사용하지 않고, 재료를 뭉근하게 익힐 수 있는 잉걸불만 사용해, 기본적으로 메인 고기 요리와 곁들임 채소만 잉걸불로 굽는다. 잉걸불로 구우면 특히 더 맛있다고 생각하는 재료는 레어로 먹을 수 있는 어린 양고기와 소고기. 강한 불 가까이에 대고 앞뒤로 자주 뒤집으며, 잉걸불이 아주 강한 화력을 유지하는 15분 이내에 단숨에 굽는다. 고온에서 고소하고 바삭한 '벽'을 만들 듯 구운 겉면, 그 아래에 잘 구워져 촉촉하고 따뜻한 층, 신선한 레어 상태인 중심부로 세 가지 층의 그라데이션을 표현해, 하나의 고기로 복합적인 맛을 낸다. 다쿠보 씨의 말에 의하면 '중심부가 레어이면 육즙이 강하게 대류하지 않아서, 레스팅 없이 바로 썰어도 육즙이 거의 흘러나오지 않는다'라고 한다. 가열이 끝나고 바로 접시에 담아서, 갓 구워 뜨거운 고기를 씹어야 비로소 입안에 흘러넘치는 육즙의 맛이 느껴진다. '레스팅을 해서 생기는, 고기에 불순물이 담긴 듯한 냄새가 나지 않는 것도 장점입니다. 이런 구이법이 가능한 건 장작 잉걸불뿐이지요.'

point!

장작 잉걸불로만
가능한 방식으로 구워
육즙이 흘러넘치는 고기에는
소스를 곁들이지 않고
제공한다.

소고기를 굽는 과정은 PART 2(38쪽)에 게재

만드는 법

1   소고기(히로시마현 나카야마 목장산 고원흑우)의 설로인을 두께 3.5~4cm, 약 450g(4인분)의 덩어리로 자르고, 등과 배 쪽에 비계가 많으면 제거한다. 굽기 직전까지 냉장실에서 차갑게 만든다.

2   장작을 태워 만든 잉걸불을 구이대에 옮긴다. 그릴과의 거리가 1cm 정도 되는 높이만큼 그릴 아래의 모든 면에 깔아준다.

3   그릴이 달궈지면 1을 올린다. 고기에 연하게 구운 자국이 나면 면을 뒤집고, 반대 면도 구운 자국이 나면 뒤집는다. 이를 반복해 고기 겉면에 구운 색을 서서히 진하게 내면서 고소하게 구운 층을 더해간다.

4   고기의 겉면이 바삭하게 구워지고 속에서 육즙이 배어 나오면 소금을 뿌리고, 여러 번 면을 뒤집어 고기에 소금이 스며들게 한다. 고기를 눌러봐서 익었는지 확인하고, 더 가열되어 단단하게 지져지기 전에 불에서 내린다.

5   곧바로 썰어서 단면이 위로 가게 접시에 담고, 굵은소금을 뿌린다. 장작에 구운 순무*, 흑마늘 페이스트**, 굵은소금, 소금에 절인 통 흑후추를 곁들인다.

---

*   장작에 구운 순무: 반으로 자른 작은 순무를 소고기를 굽고 있는 그릴의 빈 곳에 올리고, 굴려 가며 80% 정도 익힌다.
**   흑마늘 페이스트: 흑마늘, 발사믹 식초를 함께 믹서에 갈아 페이스트로 만든다.

소고기 장작 구이

고온의 장작 잉걸불로 단숨에 구운 소고기 설로인은 겉은 단단하고 바삭한 식감으로, 속은 부드럽고 신선한 레어로 익혀 씹으면 입안에 따끈한 육즙이 넘쳐흐른다. 감칠맛을 지닌 육즙, 고기 겉면에 일어난 마이야르 반응의 고소함, 그리고 겉면의 짭짤한 맛이 어우러져 '입안에서 소스와 같은 존재가 된다'라는 생각에 별도의 소스를 곁들이지 않는다. 고기 겉면이 단단해서 나이프가 잘 들지 않는데, 날이 무디면 썰 때마다 육즙이 흘러나오므로 예리한 나이프를 쓰는 것도 중요하다. 소금에 절인 통 흑후추, 소금, 포인트가 되는 흑마늘 페이스트, 고기와 함께 장작에 구워 신선함이 살아있는 작은 순무를 곁들인다.

어린 양고기 장작 구이

아주 가까운 장작 잉걸불에 겉은 고소하고, 속은 대부분을 레어로 날것에 가깝게 구운 어린 양고기. 접시에 담아서 손님상에 나가는 동안 잔열이 속까지 도달해 따끈한 고기를 들고 뜯어서 먹게 한다. 다쿠보 씨는 바삭하고 단단한 겉면을 씹었을 때 따뜻한 육즙이 입안 가득 흘러넘치는 것은 '장작 잉걸불로 단숨에 구웠기에 가능하다'라고 말한다. 베어 먹을 때 고기와 코가 가까워지면, 양고기에 감도는 연기의 향과 구운 고기 본연의 고소함이 강하게 느껴져, 양고기와 장작의 궁합이 두드러진다. 소고기 장작 구이(116쪽)와 마찬가지로 소스를 곁들이지 않고, 포인트가 되는 향신료와 찌듯이 구운 당근을 함께 담는다.

point!

장작의 연기로 만들어 낸 훈연향과
흘러넘치는 육즙으로
강한 인상을 남기기 위해,
고기를 뼈째 뜯어 먹게 한다.

만드는 법

1 어린 양고기(호주 태즈메이니아산)의 숄더랙을 뼈 1개 반 분량으로 자른다. 굽기 직전까지 냉장실에 차갑게 둔다.

2 올리브유를 얇게 두른 불소 수지 가공 프라이팬을 약불로 달구고, 1의 비계 쪽을 살짝 구워 기름을 조금 빼낸다.

3 장작을 태워 잉걸불을 만들고, 구이대에 옮긴다. 그릴에 닿지 않는 높이 직전까지 그릴 아래 모든 면에 깔아준다.

4 그릴이 달궈지면 비계가 아래로 가게 2를 올리고, 구운 색이 연하게 나면 옆으로 눕혀 단면을 아래로 놓는다.

5 구운 자국이 연하게 나면 뒤집고, 반대쪽 면도 구운 자국이 나면 뒤집는다. 이를 반복해 고기 겉면에 구운 색을 서서히 진하게 내면서 고소하게 구운 층을 더해간다.

6 고기의 겉면이 바삭하게 구워지고 속에서 육즙이 배어 나오면 소금을 뿌리고, 여러 번 면을 뒤집어 고기에 소금이 스며들게 한다.

7 고기를 눌러봐서 감촉을 확인한다. 고기 속의 대부분은 레어이면서 중심부의 몇 밀리미터는 따뜻한 생고기인 상태로 익는 타이밍을 파악한다. 비계를 아래로 놓고 고소하게 구우며, 잉걸불에 떨어진 약간의 기름 때문에 피어오르는 연기도 쐰다.

8 7을 접시에 담고 굵은소금을 뿌린다. 찌듯이 구운 당근*을 적당히 잘라서 홀그레인 머스터드(태즈메이니아산), 굵은소금과 함께 곁들인다. 손님에게 장갑을 함께 제공해 뼈를 잡고 뜯어 먹도록 권한다.

---

* 찌듯이 구운 당근: 당근은 알루미늄 포일로 감싸고, 장작을 태워 잉걸불을 만들고 있는 공간의 한 구석에 2시간 반 정도 두어 찌듯이 굽는다.

어린 양고기를 굽는 과정은
PART 2(50쪽)에 게재

돼지고기 장작 구이

잉걸불을 적게 깔아 약불을 만들고, 뼈에서 나오는 전도열도 이용해 돼지 목살을 천천히 익혔다. 다 구워진 고기는 부드럽고 촉촉하면서, 살코기와 비계 모두 씹는 식감이 좋다. 화력을 약하지만, 오래 가열하는 만큼 마이야르 반응이 제대로 일어나 겉면이 고소해진다. 마지막에는 육즙이 흘러나오지 않게 레스팅하지 않고 썬다. 갓 구운 고기의 육즙과 피어오르는 향에 보태어, 태운 양파 소스를 곁들였다. 입가심으로 제철 샐러드를 함께 담는다.

만드는 법

1 뼈가 붙은 돼지 목살(프랑스산 비고르 돼지)을 사용한다. 등과 배 쪽에 비계가 많으면 제거하고, 뼈째 약 400g(4인분)을 자른다. 상온 상태로 만든다.

2 장작을 태워 잉걸불을 만들고, 구이대에 소량만 옮긴다. 그릴과 멀리 떨어뜨려 평평하게 고르면서, 고기 크기보다 조금 넓게 깔아준다.

3 그릴이 달궈지면 뼈 쪽이 아래로 가게 1을 올린다. 뼈가 데워지면 단면을 아래로 놓고, 그릴 위의 뼈 옆에 잉걸불을 놓아 뼈에서도 데우는 느낌으로 익힌다.

4 아랫면에 연하게 구운 자국이 나면 뒤집고, 반대쪽 면도 구운 자국을 낸다. 양쪽 단면과 뼈를 아래로 놓고 굽는 작업을 반복해, 고기 겉면에 구운 색을 서서히 진하게 내면서 고소하게 구운 층을 더해간다. 3에서 그릴 위에 놓은 잉걸불은 2~3분 후에 제거한다.

5 고기를 눌러봐서 속까지 익었는지 확인하고, 겉면에 육즙이 배어 나오면 단면에 소금을 뿌린다. 여러 번 면을 뒤집어 고기에 소금이 스며들게 한다.

6 잉걸불을 그릴 아래에서 제거하고, 고기를 그릴 위에 몇 분간 레스팅한다.

7 고기의 뼈를 발라내고 썰어서 접시에 담고, 굵은소금을 뿌린다. 태운 양파 소스*를 곁들이고, 제철 허브 샐러드를 담는다. 다진 할라페뇨 피클을 흩뿌린다.

point!

돼지고기는 약한 잉걸불로 천천히, 촉촉하게 굽는다. 뼈 가까이에 잉걸불을 놓아 뼈에서 나오는 전도열도 이용한다.

돼지고기를 굽는 과정은
PART 2(42쪽)에 게재

---

* 태운 양파 소스: 양파를 껍질째 오븐에 넣어 까맣게 될 때까지 굽는다. 물에 넣고 끓여 국물을 우려내고 체에 거른다. 이 국물을 발사믹 식초, 셰리 비니거, 머스터드를 넣고 조린 냄비에 붓고, 소금으로 간을 한다.

코스에서 강한 인상을 남길 메인 고기 요리를 어떻게 표현할지 고민하던 때, '바카 로사' 와타나베 마사유키 셰프의 소고기 장작 구이를 접하게 되었습니다. 입안에서 따끈하고 담백한 육즙이 터지는 느낌은 충격이었고, 방금 구운 뜨거운 고기를 바로 썰어서 제공하는 기대감과 속도감은 코스의 클라이맥스를 장식하기에 최적이었습니다. 그날로 장작 구이를 하기로 결심하고, 가게를 이전해 리뉴얼하면서 바카 로사를 모방한 난로를 도입했습니다.

장작 잉걸불은 고온이지만 열이 은은하게 전달되어, 재료의 겉면은 고소하게 구워지면서 속의 수분이 빠지지 않고 신선함이 살아있는 것이 느껴집니다. 특히 저희 레스토랑과 같은 개방식 난로는 팽창한 공기가 밖으로 빠져나가서, 잉걸불을 만들 때도 장작에 압력이 가해지지 않아 폭신하고 부드럽습니다. 그것이 온화하고 부드러운 열로 이어지는

것이 아닐까 싶습니다.

장작으로 주로 굽는 재료는 메인 요리인 고기입니다. 단골손님께는 돼지고기와 오리고기를 구워드리기도 하지만, 장작 구이에 적합해서 자주 선보이는 것은 어린 양고기와 소고기입니다. 어린 양고기와 소고기는 잉걸불의 은은한 고온으로 마지막까지 레스팅 없이 구우면 '겉은 바삭하고 고소하며, 속은 신선한 레어'라는 대비가 돋보여, 장작 잉걸불의 이점이 최대한 발휘됩니다. 레스팅을 하지 않아 육즙에 불순물이 담긴 듯한 냄새가 나지 않고, 깔끔한 풍미가 느껴지는 것도 만족스럽지요. 또한 고기를 씹으면 마이야르 반응에 의한 고소한 맛, 넘치는 육즙, 짭짤한 맛이 입안에서 어우러져, 이것이 어떤 의미로는 '소스' 같은 역할을 하기 때문에, 별도의 소스 없이 제공하는 것도 포인트입니다.

오너 셰프
다쿠보 다이스케

1976년 아이치현 출생. 조리사 학교 졸업 후, 근거지의 이탈리아 요리 전문점과 도쿄 히로오의 '아로마 프레스카'에서 경력을 쌓았다. 2007년 시부야구 히로오에 '리스토란티노 바르카'를 독립 개업하고, 2010년에 에비스로 이전해 '아리아 디 타쿠보'로 이름을 변경했다. 2016년에 다시 이전해 '타쿠보'를 오픈했다.

안티카 로칸다

미야모토

antica locanda MIYAMOTO

주소 구마모토현 구마모토시 주오구 아라야시키 1-9-15 란쇼빌딩 102

영업시간 점심 11:30~13:00(목요일~일요일 한정), 저녁 18:00~22:00

정기 휴일 월요일

메뉴 점심 2가지 오마카세 코스(5,500엔, 9,680엔),
저녁 오마카세 코스 15,000엔
※그 외 구마모토 거주자 한정 코스 9,680엔, 대관 가능

객단가 점심 7,500엔, 저녁 23,000엔

좌석 수 테이블 20석

장작불 조리 설비 제작 비용 200만엔(난로, 구이대)

장작불 조리 설비 시공 TETUGU

1개월 장작 비용과 사용량 5만엔(1t)

장작 보관 장소 난로 아래, 점포 내 선반

수종 상수리나무

1 특별 주문한 장작용 개방형 난로. 내화 벽돌로 제작했으며, 장작을 태워 잉걸불을 만드는 오른쪽 끝의 화상(火床)은 열화되기 쉬워서 벽돌을 이중으로 둘러쌌다. 난로 중앙에는 핸들로 높이를 조절할 수 있는 그릴을 설치했고, 그 아래는 잉걸불을 깔고 재료를 굽는 공간이다. 왼쪽 끝은 재를 모아서 담는 곳이다. 덕트는 일반적인 사양이지만, 배기가 잘되는 제품이다.

2 오너 셰프 미야모토 겐신 씨. 지역 내 손님을 소중히 생각해, 구마모토현 거주자를 대상으로 할인 메뉴도 준비했다. 현재 지역 내 손님이 약 60%를 차지한다.

3 점내에는 테이블 석만 있는 다이닝, 비공개 주방, 상품 판매 공간을 마련했다.

2016년 구마모토 지진을 계기로 사람과 불의 관계를 되돌아보며, '전기와 가스에 의존하지 않고, 자연에 가까운 원시적인 열원을 사용해보자'라고 마음먹은 이탈리안 요리사 미야모토 겐신 씨. 숯불 구이, 간이 구이대에서 하는 장작 구이 등 다양한 열원으로 조리를 시도한 끝에 장작을 메인 열원으로 채택하고, 2021년 구마모토 시내로 이전할 때 장작용 난로를 도입해 본격적으로 장작불 조리에 뛰어들었다. 현재는 연구, 사육에도 직접 관여하는 '구마모토 적우'를 비롯한 구마모토 특산물을 장작 불꽃, 잉걸불, 연기로 조리하는 푸짐한 고기 요리가 클라이맥스인 8~9가지 오마카세 코스를 제공한다.

사용하는 장작은 구마모토산 상수리나무. 인근 농가에서 부업으로 판매하는 것이라 건조 기간이 짧고 수분이 많아 연기가 잘 나지만, 미야모토 씨는 '연기로 자연스럽게 훈연해 독특한 향을 입히는 것도 우리 레스토랑 장작 구이의 개성 중 하나'라고 말한다. '충분히 말린 장작이 연기가 적고 재료에 담백한 풍미를 주지만, 제가 갖고 있는 열원으로 주변의 흔한 재료를 조리하는 것이 저의 신조이기 때문에, 연기 향도 제 요리의 일부라고 생각합니다.' 비공개 주방이라 손님 자리까지 열과 연기가 새 나갈 염려가 없어서, 활활 타오르는 불꽃과 연기를 조리에 자주 활용한다. 또한 장작이 타기 시작할 때부터 완전히 꺼지기까지 모든 열을 활용하자는 생각에, 불꽃과 잉걸불로 직접 재료를 굽는 것 외에 장작을 태우는 공간 위에 설치한 철제 상자에 빵과 채소를 데우고, 사그라진 약한 잉걸불에서 나오는 연기로 유제품을 훈연하는 등 다양한 아이디어로 장작 열을 남김없이 사용한다.

point!

장작의 불꽃으로
콩에 '흑후추'와 같은 풍미를 낸다.
오징어는 겉만 살짝 구워
균일하지 않은 식감을
즐기게 한다.

오징어를 살짝 굽는 과정은
PART 2(64쪽)에 게재

만드는 법

1 누에콩과 풋콩을 각각 깍지째 소금물에 살짝 데친다.

2 1의 콩의 깍지와 얇은 껍질을 벗기고, 누에콩은 반으로 쪼갠다. 모든 콩을 손잡이가 달린 체에 담고 소금물을 스프레이로 뿌린다(**A**).

3 타오르는 장작 불꽃 속에 2를 넣고, 체를 충분히 흔들며 콩의 겉면을 그을린다(**B**).

4 타오르는 장작 불꽃 위에 걸친 석쇠에 프라이팬을 올려서 달구고, 올리브유를 두르고 시금치를 넣는다. 소금을 뿌려서 재빨리 굽는다(**C**).

5 화살오징어를 해체해 몸통과 다리를 나누고, 몸통은 껍질을 벗겨서 칼로 가른다.

6 타오르는 장작의 불꽃 위에 걸친 석쇠에 5의 다리를 놓고 살짝 굽는다. 불꽃 속에 넣어 모든 면을 그을리지 말고, 불꽃에 조금 닿는 위치에서 굴리면서 군데군데 구운 자국을 낸 후 불에서 내린다.

7 5의 몸통을 6의 석쇠 위에 놓고, 한쪽 면만 5초간 굽는다. 바로 석쇠에서 내려서 냉장실에서 급랭하고, 채 썬다.

8 풋콩 퓌레, 살짝 볶은 양파, 소량의 생크림과 우유를 믹서에 넣고 간다.

9 다진 양파와 다진 케이퍼, 소금, 엑스트라 버진 올리브유, 강판에 간 파르미지아노 레지아노로 4의 시금치를 톡톡 털 듯이 버무려서 접시에 담는다. 6과 7의 오징어를 담고, 8의 소스를 끼얹는다. 3의 콩을 균형 있게 담고, 시금치 파우더와 고당도 토마토 껍질 파우더를 뿌린다.

오징어, 콩, 시금치

장작의 불꽃을 이용한 조리를 '재료를 장식하는 일종의 조미료'로 여기고, 재료에 장작만이 낼 수 있는 풍미와 질감을 더해 구성한 전채요리. 콩은 불꽃에 살짝 그슬려, 미야모토 씨의 표현처럼 '마치 흑후추 같은 풍미'를 낸다. 오징어는 다리 겉면에 구운 자국과 고소한 향이 날 정도만 가볍게 굽고, 몸통은 한쪽 면만 재빨리 구워 겉면은 익은 식감이 나면서 속은 생오징어처럼 쫀득한 식감의 대비가 돋보이게 한다. 시금치는 장작의 강한 불꽃으로 달군 프라이팬에 살짝 구워, 아삭아삭한 식감을 유지하면서 고소함을 더했다. 이들을 접시에 담고, 유제품의 깊은 맛을 지닌 소스로 전체를 아우른다. 시금치 파우더로 푸릇푸릇한 색감을 더해 채소를 메인으로 한 전채 요리다운 신선함을 내세우고, 토마토 파우더로 응축된 감칠맛을 곁들였다.

point!

잉걸불이 될 때까지
활활 타오르는 불꽃으로
소의 골수를 끓여서
인상적인 요리를 만든다.

만드는 법

1   세차게 타오르는 장작 불꽃 위에 석쇠를 걸쳐 충분히 달군다.

2   반으로 가른 소 골수 단면에 소금을 뿌리고, 1의 석쇠에서 불꽃이 직접 닿지 않
    는 지점에 단면을 아래로 놓는다(**A**). 불꽃이 직접 닿는 지점은 기름이 떨어질
    때 불길이 번질 위험이 있으므로, 되도록 불꽃이 안정된 지점에 놓는다. 그대로
    두어 3분 정도 굽고, 골수 겉면을 지지면서 여분의 기름을 떨어뜨린다.

3   표면이 지져지면 면을 뒤집어 뼈 쪽도 데운다. 단면이 위로 가게 배트에 옮겨
    담는다.

4   뼈가 굴러다니지 않게 알루미늄 포일을 깔아서 고정하고 단면 위에 버터, 마늘
    오일, 타임을 올린다(**B**).

5   장작을 충분히 태워, 난로 안에서 장작을 태우는 화상 위에 설치한 철제 상자
    에 불꽃이 닿게 한다. 철제 상자가 충분히 달궈지면 4의 배트를 5분 정도 넣어
    둔다(**C**).

6   골수가 완전히 부글부글 끓으면 철제 상자에서 꺼낸다(**D**). 돌을 깔아둔 나무
    상자에 뼈를 올리고, 펜넬과 톱풀꽃을 흩뿌린다.

소 골수 장작 구이

기세 좋게 타오르는 장작 불꽃으로 소의 골수를 충분히 가열해 심플하고 강렬한 맛을
표현한 요리. 먼저 반으로 가른 골수의 표면을 장작 불꽃으로 지지고 버터, 마늘, 소기
름과 잘 어울리는 허브(여기서는 타임)를 올린다. 이어서 장작을 태우는 공간 위에 있는,
불꽃에 닿아 뜨겁게 달궈진 철제 상자에 골수를 넣고 부글부글 끓인다. 산뜻하고 쌉쌀
한 식용 꽃을 흩뿌려서 함께 제공해 골수를 스푼으로 떠서 먹게 한다. 빵을 곁들여서 내
도 좋지만 골수가 식으면 굳으면서 느끼해지므로, 뜨거울 때 먹는 것을 권한다.

뼈가 붙은
돼지고기 장작 구이

'속까지 충분히 익혀 고기의 감칠맛을 끌어내고 싶지만, 너무 오래 굽거나 급격히 익히면 딱딱해진다.' 돼지고기의 적절한 익힘 정도에 대해 수많은 요리사와 마찬가지로 고민하고 있던 미야모토 씨가 도달한 결론은 장작 잉걸불에서 멀리 떨어뜨려 차분히 굽는 것. 잉걸불에서 나오는 뭉근한 열과 난로 안에서 대류하는 열로 천천히 익힌다. 상온 상태로 만들지 않고 굽기 때문에 속이 데워질 때까지 시간이 걸리는데, 그동안 겉면이 아주 고소하게 구워지는 것도 계산에 넣었다. 뼈가 붙은 고기를 구워 뼈에서 나오는 감칠맛도 살아있고, 비계와 뼈가 둘러싸고 있어서 고기에 은은하게 열이 전달된다. 잉걸불에 기름이 떨어져 불길이 일어도 고기에 닿지 않을 정도로 거리를 두고 굽지만, 연기는 쐬어서 식욕을 돋우는 훈연향도 입힌다. 비계는 바삭하고 고소하며, 속살은 부드러우면서 씹는 맛이 좋다.

만드는 법

1 뼈가 붙은 돼지 목살(A)을 뼈째 5cm 두께로 썬다. 비계를 조금 잘라내서 얇게 만들고, 구울 때 수축하지 않도록 칼집을 넣는다. 손질 후 무게는 약 300g.

2 난로 오른쪽의 화상에서 장작을 1시간 내외로 태워 잉걸불을 만들고, 타서 부서지기 직전의 약하고 자잘한 상태가 될 때까지 기다린다. 또한, 난로 내부 온도를 유지하기 위해 화상에 항상 새 장작을 추가하며 계속 태운다.

3 2의 잉걸불을 왼쪽 구이대 아래에 옮겨서 깔고, 구이대 위의 틀에 촘촘한 그릴을 올린다. 잉걸불과의 거리가 10cm 정도 되도록 잉걸불을 쌓는 높이를 조절한다.

4 1의 고기의 비계와 비계 반대쪽에 블렌드 소금*을 문질러 바르고, 고기 한쪽 단면에도 블렌드 소금을 뿌린다. 3의 그릴에 소금을 뿌린 면을 아래로 놓는다(B). 그대로 두어 10~12분간 굽고, 아직 굽지 않은 윗면에 블렌드

소금을 뿌린다. 뼈 주변의 고기는 잘 익지 않으므로, 뼈 아래 주변에 불꽃이 있는 장작을 1개 놓는다(**C**).

5   고소한 향과 구운 자국이 제대로 나고 식감이 바삭해지면 면을 뒤집고, 그대로 두어 10분 정도 굽는다(**D**).

6   나중에 구운 면도 제대로 고소하게 구워지고 탄력을 확인해 봐서 속까지 익었으면, 뼈를 아래에 놓고 세워서 그릴에 올리고 뼈 주변도 충분히 굽는다(**E**).

7   마지막으로 비계를 아래로 놓고 구워 바삭하게 마무리한다(**F**).

8   고기를 썰어서 나무 접시에 담고, 허브 오일과 허브**를 뿌린다. 누에콩 장작 구이(125쪽 참조)를 곁들인다.

*   블렌드 소금: 구마모토 아마쿠사산 모자반 소금, 천일염, 가마솥에 볶은 소금을 섞는다.

**   허브 오일과 허브: 타임, 마조람, 세이지, 허브의 향을 우린 올리브유와 거기에 사용한 허브류.

point!

멀리 떨어진 잉걸불로
천천히 굽고, 가열하면서
끌어낸 고기의 감칠맛을
전면에 내세운다.

적우 장작 구이

살코기 비율이 높아서 소고기다운 감칠맛과 씹는 맛이 일품인 완전 방목 사육한 '구마모토 적우'의 설로인을 사용한다. 소금을 듬뿍 뿌려서 뭉근한 잉걸불 위에 그대로 두고 천천히 구워 마이야르 반응을 충분히 일으킨다. 배어 나온 고기의 수분과 함께 소금을 지져서, 고기 겉면에 층을 만드는 것이다. 속은 수분을 머금어 촉촉한 레어로, 씹으면 육즙이 입안에 흘러넘친다. 미야모토 씨는 '이런 질감을 표현할 수 있는 것은 장작 잉걸불뿐이다. 불이 너무 세거나 고기가 너무 두꺼우면, 속까지 익기 전에 겉면만 탄다. 반대로 불이 너무 약하거나 고기가 너무 얇으면, 겉면이 바삭해지기 전에 속이 너무 익어버린다. 불의 강도와 고기 두께의 적절한 균형을 찾다가, 3~4cm 두께의 차가운 고기를 뭉근한 잉걸불에 그대로 두고 굽는 방법에 이르렀다'라고 말한다. 레스팅하지 않고 되도록 빠르게 제공하는 것에도 신경을 쓴다.

> **point!**
> 장작 구이 소고기만의 식감과 맛, 따끈한 느낌, 입안에 흘러넘치는 육즙이 요리의 주인공이다.

만드는 법

1 소(완전 방목 사육한 구마모토 적우) 설로인(이번에는 40일 숙성*)을 3~4cm 두께로 썰고, 겉면과 지방을 손질한다. 손질 후 무게는 약 200g.

2 난로 오른쪽의 화상에서 장작을 1시간 내외로 태워 잉걸불을 만들고, 타서 부서지기 직전의 약하고 자잘한 상태가 될 때까지 기다린다. 또한 난로 내부 온도를 유지하기 위해 화상에 항상 새 장작을 추가하며 계속 태운다.

3 2의 잉걸불을 왼쪽 구이대 아래에 옮겨서 깔고, 구이대 주변에 놓은 벽돌 위에 그릴을 걸친다(A). 잉걸불과의 거리가 3~4cm가 되도록 잉걸불을 쌓는 높이를 조절한다.

4 1의 고기 한쪽 면에 블렌드 소금(129쪽 참조)을 듬뿍 뿌리고(B), 그 면이 아래로 가게 3의 그릴에 놓는다. 그대로 두어 5분간 굽는다(C).

5 5분이 지나면 아직 굽지 않은 윗면에도 블렌드 소금을 듬뿍 뿌리고, 고기의 면을 뒤집어 5분간 굽는다(D).

6 구운 색과 탄력을 봐서 속까지 익었는지 확인하면, 불에서 내려 바로 썬다. 접시에 담고 엑스트라 버진 올리브유를 뿌린다.

---

* 40일 숙성: 고기 구입처인 ㈜사카에야에서 숙성하고, 구입 후 점포에서 숙성한 기간을 합치면 40일 정도 된다. 점포에서 숙성할 때는 냉장실 또는 항온 고습 창고에서 뼈째 보관하며, 미트 페이퍼를 대거나, 썰어서 냉장창고 안에서 말려 개체마다 수분량을 조절한다. 이번처럼 살코기 비율이 높은 소고기는 수분량이 많으면 마이야르 반응이 잘 일어나지 않아 구운 색이 예쁘지 않고 고소한 맛이 떨어지기 때문에, 겉면의 수분을 제거하는 데 신경 써야 한다.

스모크드
아이스크림

불이 사그라져 연기가 나는 '꺼져가는 잉걸불'로 우유를 훈연해, 개성 있는 스모크 향을 지닌 아이스크림을 만들었다. 아래에 곁들인 것은 미야모토 씨의 표현으로 '스모키한 향과 잘 어울리는 쌉쌀한 맛과 단맛이 나는' 레몬 속껍질 잼을 생크림으로 희석한 소스. 우유 자체의 향이 강하면 훈연향과 어우러질 때 느끼한 풍미가 나므로, 순한 향의 우유를 사용하는 것도 포인트이다.

point!

스모키한 풍미의
아이스크림에 훈연향과
잘 어울리는 쌉쌀한 요소를
곁들인다.

만드는 법

1 뚜껑이 있는 시폰 케이크 틀에 우유(오오아소 초원에서 생산한 저온 처리 우유) 700g을 넣는다.

2 영업 후, 난로 속의 장작 잉걸불이 사그라들어 연기가 피어오를 때 그릴을 깔고 1을 올린다(**A**). 뚜껑을 덮고 10~12시간 동안 둔다(**B**).

3 다음 날 영업 중, 난로에 장작불을 새로 태울 때는 2를 냉장실에 넣어 두고, 영업 후 다시 사그라든 잉걸불 위에 10~12시간 동안 둔다.

4 2/3에서 반 정도로 졸아든 3의 우유, 설탕 100g, 물엿 30g, 생크림(유지방분 35%) 40g을 파코젯 전용 용기에 담아 냉동하고, 파코젯에 돌린다.

5 유리그릇에 소스*를 깔고, 4의 아이스크림을 담는다. 톱풀꽃을 흩뿌린다.

---

* 소스: 레몬의 하얀 속껍질을 3~4번 데쳐서 물을 버리는 작업을 반복하고, 장작 불꽃에 그슬리며 굽는다. 이것을 시럽과 조린 잼, 생크림, 요구르트와 함께 가열하고, 잘 섞어서 믹서에 간다. 냉장실에 차갑게 두고 사용한다.

"일찍이 일본인이 이로리(마룻바닥을 사각형으로 도려 파고 난방용, 취사용으로 불을 피우는 장치 - 옮긴이)의 열을 다양한 조리에 많이 활용한 것처럼, 우리 레스토랑의 코스에도 장작에서 나오는 열을 갖가지 방법으로 활용해, '장작의 일생'을 모두 사용하고 싶다." 저의 장작불 조리의 밑바탕에는 이러한 생각이 자리하고 있습니다.

제가 처음 장작불 요리에 몰두하게 된 것은, 2016년 구마모토 지진으로 가스와 전기를 쓸 수 없게 된 사태를 경험하며 놀라움을 금치 못했던 일이 계기였습니다. '가스와 전기를 쓸 수 없다면 난 요리사로서 어떻게 해야하지?'라는 의문에 부딪혔고, 그러다 인간이 그것들을 이용하기 전부터 가열 조리를 했던 장작을 써봐야겠다는 마음이 싹트게 되었지요. 저희 레스토랑에서는 장작을 태울 때 덕트를 가동하기 때문에 전기 없는 가열 조리가 불가능한 사실은 변함이 없지만, 불과 소통하고 불을 다루는 법을 아는 것 자체가 요리사가 갖추어야 할 중요한 기술과 마음가짐이라고 생각합니다. 실제 작업에서 어려운 점은 재와 그을음을 청소하는 일입니다. 영업 중에는 항상 장작을 태우고 있어서 재가 날리고 주방 안에도 그을음이 묻기 때문에, 눈에 보이는 대로 바로 청소합니다.

장작은 재료를 익히는 열원인 동시에, 고소함과 연기의 향을 마치 조미료처럼 재료에 입히기 좋은 조리법입니다. 그래서 재료를 단순히 굽기만 해도 충분히 맛있고, 반대로 아이디어에 따라 독창성을 발휘할 수도 있지요. 장작불 조리에 특히 어울리는 재료는 겉은 바삭하고 고소하며 속은 부드러운 레어의 대비를 제대로 표현할 수 있는 마블링이 적은 소고기, 훈연향과 궁합이 좋은 오징어, 고소한 풍미가 어울리는 갑각류, 그을리면 맛이 더욱 살아나는 푸른 채소와 콩입니다.

오너 셰프

미야모토 겐신

1975년 구마모토현 출생. 1995년에 이탈리아로 건너가 약 7년간 경력을 쌓았다. 2002년 귀국 후 본가에서 운영하는 레스토랑 '이탈리 테이'에서 근무하다, 2006년 구마모토 시내에 '리스토란테 미야모토'를 개업했다. 2021년에 시내에서 이전해 '안티카 로칸다 미야모토'로 리뉴얼 오픈했다. 2013년 아소 지역의 세계 농업 유산 인정에 주력하는 등 구마모토의 식문화 발전에도 힘쓰고 있다.

06

레클레어

L'éclaireur

주소 도쿄도 시부야구 다이칸야마초 6-6 SPT 다이칸야마 빌딩 1층-B

영업시간 18:00~23:00(라스트 오더 20:00)

정기 휴일 일요일

메뉴 오마카세 코스 2가지(14,850엔, 27,500엔)

객단가 25,000엔

좌석 수 테이블 20석, 룸 1실(6석)

장작불 조리 설비 제작 비용 장작 그릴대: 350만엔,

　　　　　　　　　　　　배기 · 탈취 · 집진 시스템: 800만엔

장작불 조리 설비 시공 장작 그릴대: 마스다벽돌㈜,

　　　　　　　　　　　배기 · 탈취 · 집진 시스템: ㈜메이코상사

1개월 장작 비용과 사용량 8만엔(320kg)

장작 보관 장소 주방 내 장작 그릴대 옆

수종 졸참나무

1 점내 안쪽 오픈 키친에 설치한 장작 그릴대. 오른쪽은 장작 불꽃으로 조리하는 공간으로, 핸들을 돌려 위아래로 움직일 수 있는 그릴을 설치했다. 왼쪽은 잉걸불 조리용 공간으로, 석쇠를 끼워 넣는 5cm 간격의 8단 구이대를 놓았다. 바닥 오른쪽 안에는 재를 떨어뜨리는 구멍이 있어, 아래의 서랍에 모이는 구조이다.

2 화이트를 바탕으로 한 테이블과 의자를 배치해 모던한 분위기를 냈다. 투명 유리로 공간을 나눈 개별 룸을 포함한 모든 자리에서 장작 그릴대에 태우는 장작불을 볼 수 있다.

3 오너 셰프 다쿠마 가즈에 씨. 프랑스에서 경력을 쌓던 시절부터 염원해 온 장작불 설비 도입을 실현했다.

프랑스에서 약 10년간 근무하며 파리의 미슐랭 3스타 레스토랑에서 수 셰프를 지낸 경력의 다쿠마 가즈에 씨가 '자신의 모든 것을 집대성'해 개업한 프랑스 요리 전문점 '레클레어'. 장작불을 '요리를 장식하는 조미료와 같은 존재'로 여기는 다쿠마 씨는, 이전부터 꿈꿔온 장작불 조리를 이곳에 도입했다. 메인 조리를 장작불로 하는 것을 전제로 매물을 찾다가 도쿄 다이칸야마의 한적한 곳에 있는, 연통과 같은 배연 설비 공사가 가능한 신축 빌딩 1층에 입점을 결정했다. 장작 그릴대는 오픈 키친 안에서도 손님 자리에 가까운 공간에 설치했다. 손님의 식사 진행 상황을 보며 장작불로 조리하고, 완성된 요리를 곧바로 앞에 있는 작업대에서 담을 수 있게 배치했다. 조리용 열원으로 인덕션 히터 3구도 마련했지만, 기본적으로는 장작불로 익힌다. 약 10가지로 구성된 코스에서 아뮤즈 부쉬의 일부를 제외하고, 거의 모든 요리에 장작불을 사용한다.

프랑스 요리를 기반으로 다양한 아이디어와 기법을 구사하며, 섬세하면서 모던한 표현을 추구하는 다쿠마 씨. 장작불로 주로 표현하는 것은 재료를 돋보이게 하는 향이다. 불꽃과 잉걸불의 강약, 훈연법에 따라 피어오르는 장작불 특유의 향을 요리의 요소로 가미해, 유일무이한 요리를 만들어 낸다. 메인 재료인 고기와 해산물뿐만 아니라 곁들이는 채소와 소스, 디저트에 사용하는 유제품 등 모든 재료를 최적의 상태로 익히고 향을 입힌다. 장작 그릴대 위에서는 수 주부터 수개월에 걸쳐 송어, 도미, 오리, 양, 돼지 등을 가다랑어포나 생햄처럼 건조·훈제하는데, 종류를 계속 늘리고 있다. 밑국물의 재료로 사용하는 것도 연구 중이다.

장작의 향을 입힌 사슴고기 타르타르

사슴의 산지인 교토의 깊은 산속에서 만난 생산자들이 신선한 사슴고기를 즐기는 모습에서 영감을 얻어 고안한 아뮤즈 부쉬. 사슴고기는 장작 불꽃에 대고 속까지 익혀서 다지고, 잉걸불에 마늘 오일을 뿌리며 훈연한 달걀노른자를 얹는다. 감귤과 비슷한 풍미를 지닌 조장나무의 겨울눈, 은은하고 달콤한 향이 나는 알리섬 꽃을 곁들여 타르타르를 완성했다. 이를 찹쌀 칩 위에 담아, 손으로 잡고 한입에 먹게 한다. 장작불의 향이 스며든 사슴고기, 마찬가지로 장작의 훈연향을 입힌 진한 달걀노른자에, 찹쌀 칩의 고소하고 바삭바삭 가벼운 식감이 기분 좋게 쌓인다.

만드는 법

1 사슴의 넓적다리살(교토 단고지방산)을 약 40g(1인분) 썰어 마늘 오일을 고루 묻히고, 소금을 살짝 뿌린다.

2 장작 그릴대에 20~30분간 장작을 태운다. 쉽게 부서지는 잉걸불이 만들어지면 바깥쪽에 있는 것을 부숴서 평평하게 정돈하고, 그 위에 직접 석쇠를 올린다.

3 2에 1을 올리고 바람을 불어넣어 불꽃이 활활 타오르게 한다. 1~2번 면을 뒤집으며 불꽃을 쐬어서 익힌다(A).

4 3을 잘게 다진다(B). 볼에 담고, 소금을 뿌려서 섞는다.

5 온천 달걀의 노른자를 분리해 볼에 담고, 마늘 오일을 조금 입혀서 소금을 뿌린다. 손잡이와 뚜껑이 달린 볶음 체망에 달걀노른자를 넣고, 뚜껑을 덮는다.

6 장작 그릴대 왼쪽에 있는 구이대 아래에 잉걸불을 깔고, 잉걸불 위 3cm의 철제 틀에 석쇠를 걸치고 5를 올린다(C). 마늘 오일을 잉걸불에 떨어뜨려, 연기와 불꽃이 일으키며 훈연한다.

7 몇 분 간격으로 잉걸불에 마늘 오일을 떨어뜨리며, 30분 정도 훈연한다.

8 지름 3cm 육각형 틀에 4를 채워 넣고, 7의 노른자를 올려 표면을 평평하게 정돈한다. 틀을 분리하고 조장나무의 겨울눈, 알리섬 꽃을 장식해, 찹쌀로 만든 칩에 올린다. 돌을 깔아둔 나무 접시에 담는다.

Point!

장작 불꽃에 구운 사슴고기와
잉걸불의 불꽃과 연기로
훈연한 달걀노른자를
한입에 맛보게 한다.

문어와 순무

다쿠마 씨의 표현으로 '잡냄새도 없고 건과일처럼 응축된' 흑마늘의 맛을 살리기 위해 고안한 요리. 흑마늘 양념을 발라가며 마치 닭꼬치처럼 잉걸불에 구운 문어와 비네그레트에 버무린 생 순무를 늘어놓고, 토마토와 흑마늘 소스를 끼얹는다. 문어는 스모키한 이리반차(일본 교토 지역에서 마시는 녹차 - 옮긴이)에 담가 부드럽게 삶아서 한쪽면만 구워 살짝 고소한 향을 내고, 감칠맛이 깊은 흑마늘 양념을 발라가며 굽는 것을 반복한다. 흑마늘의 응축된맛과 구워졌을 때 나는 고소한 맛, 문어의 진한 감칠맛과 스모키한 향이 장작불만의 특색으로 서로 연결되어 중후한 맛을 빚어낸다. 신선한 순무와 토마토 워터도 배합해 산뜻하고 가볍게 마무리한다.

point!

장작불로 구워서 내는
고소한 맛과 스모키한 향이
서로 연결되어
복합적인 맛을 낸다.

만드는 법

1 이리반차(교토부 잇포도차호 제품)에 담가 부드러워질 때까지 삶은 문어 다리를 두툼하고 길쭉한 직사각형으로 썬다. 5~6조각을 늘어놓고 꼬치 3개를 이용해 부채 모양으로 꽂는다.

2 장작 그릴대 왼쪽의 구이대 가장자리에 거의 닿을 만큼 잉걸불을 깔아준다. 철 막대를 구이대에 걸쳐, 꼬치를 올릴 틀을 만든다. 1의 꼬치를 틀에 올리고, 바람을 불어넣으며 한쪽 면에 고소한 향이 살짝 날 때까지 재빨리 굽는다(A).

3 2의 양면에 흑마늘 양념*을 솔로 바른다(B).

4 3을 2와 마찬가지로, 잉걸불에 바람을 불어넣으며 3분 내외로 굽는다(C). 타지 않게 가끔 면을 뒤집고, 양념이 마르면 덧바르는 작업을 3~4번 반복한다.

5 문어에 양념이 눌어붙으면 불에서 내린다. 꼬치를 빼서 채 썬다.

6 순무를 얇게 저며서 채 썰고, 비네그레트와 소금에 버무린다.

7 접시에 5를 2~3조각, 6을 7~8조각씩 교대로 놓으며 다섯 층으로 배열한다. 작게 썬 흑마늘을 2조각 올리고, 주변에 토마토 흑마늘 소스**를 끼얹는다. 금잔화 꽃잎으로 장식한다.

─────────────

* 흑마늘 양념: 흑마늘 페이스트를 퐁 브룅에 희석한다.
** 토마토 흑마늘 소스: 토마토 워터와 흑마늘을 믹서에 갈고, 소금으로 간을 한다.

반으로 자른 모습. 메추리 몸통 속에 보리새우와 화살오징어 스터핑이 채워져 있다.

만드는 법

1   메추리(아이치현산 미카와야마부키 메추리)의 뼈를 발라내고, 한쪽 다리가 붙은 몸통의 반쪽을 두드려 편다.

2   미리 손질한 보리새우와 화살오징어 살을 굵게 다져서 볼에 담는다. 잘게 다진 생목련의 꽃봉오리와 순무 잎을 넣고, 소금을 뿌려서 섞는다.

3   2를 둥글게 빚어 1로 감싸고, 모양을 잡아서 무명실로 묶는다. 마늘 오일에 담그고, 70℃ 가스트로박 감압 가열 조리기에 7분간 넣어 콩피한다. 이 시점에서 60% 정도 익는다.

4   장작 그릴대 왼쪽의 구이대 가장자리에 거의 닿을 만큼 잉걸불을 깔고, 그 위에 석쇠를 올린다. 석쇠가 달궈지면 무명실을 풀고 3을 올린다(**A**). 불이 닿는 부분이 데워지면 면을 바꾸는 것을 여러 번 반복하며, 구운 색과 고소한 향이 날 때까지 굽는다(**B**).

5   망을 깔아둔 배트에 4를 올리고, 모든 면에 메추리 새우 소스*를 바른다.

6   5를 접시에 담고, 새싹 채소(쑥갓, 셀러리)와 아마란스 잎, 유채를 올린다. 해당화 소스**를 끼얹는다.

*   메추리 새우 소스: 메추리 육수에 말린 보리새우 머리를 넣어 향을 우린다. 소금, 굵게 간 흑후추로 간을 하고, 갈분을 넣어 걸쭉하게 만든다.

**   해당화 소스: 시럽에 살짝 담근 해당화를 잘게 다지고, 비네그레트와 생참기름을 섞는다.

'바다에서 나는 것과 산에서 나는 것'을 조합한 전채요리. 보통 메추리보다 몸집이 크고 부드러우며 적당한 비계와 감칠맛을 지닌 미카와야마부키 메추리의 몸통으로 새우와 오징어 스터핑을 감싸서 콩피한 후, 장작에 굽는다. 잔잔한 잉걸불 위에 올린 석쇠에서 겉면만 뭉근하게 고소한 향을 입힌다. 콩피한 시점에서 60% 익었기 때문에, 너무 많이 구워서 각 재료의 식감을 해치지 않게 주의한다. 마무리로 메추리 새우 소스를 발라서 신선한 허브와 꽃으로 화사하게 장식하고, 새콤달콤한 해당화 소스를 끼얹는다. 스터핑에 섞은, 유자를 연상시키는 풍미를 지닌 목련의 꽃봉오리가 맛을 한층 살려준다.

point !

어느 정도 익힌
재료의 겉면에만
고소함을 입히기 위해
잔잔한 잉걸불로 가열한다.

목련 향이 담긴 메추리,
새우, 오징어

오리

장작 불꽃으로 30~40초 정도 겉면을 구운 후 레스팅해서 열기를 퍼뜨리는 공정을 반복해 70% 정도 익히고, 마무리로 후크에 매달아서 새콤달콤한 오렌지 소스를 발라가며 구운 '아이치 오리' 가슴살. 매달아서 굽는 이유는 장작을 활활 태운 불꽃 끝의 강한 화력으로 구워, 마치 '데리야키'처럼 겉면에 소스가 충분히 눌어붙게 하려는 것이다. 겉은 윤기가 나고 바삭하게, 속은 균일한 장밋빛이 나며 촉촉하고 육즙이 풍부하게 굽는다. 아삭아삭한 양하의 식감과 부드러운 산미가 인상적인 소스를 곁들여 맛의 변화를 즐기게 한다.

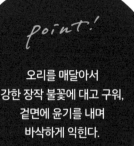

point!

오리를 매달아서
강한 장작 불꽃에 대고 구워,
겉면에 윤기를 내며
바삭하게 익힌다.

오리고기 굽는 과정은 PART 2(54쪽)에 게재

만드는 법

1　뼈가 붙은 오리(아이치현산 아이치 오리. 약 2주일간 숙성) 가슴살을 뼈째 자른다.

2　껍질에 격자 모양으로 칼집을 넣고, 모든 면에 버터를 바른다.

3　장작 그릴대에 장작을 지펴 불똥이 튀어 오를 때까지 불길을 크게 일으킨다. 불꽃 끝이 닿도록 핸들을 돌려서 그릴의 높이를 조절하고, 2의 껍질이 아래로 가게 올린다. 껍질에 고소한 향과 구운 색이 나면 면을 뒤집고, 30~40초간 겉면 전체를 지진다.

4　장작 그릴대 왼쪽의 구이대 아래에 잉걸불을 조금 깔고, 그 위에 걸친 석쇠에 3을 옮겨서 레스팅한다. 8단 중 몇 단에서 레스팅할 지는 손을 넣었을 때의 온도와 고기 상태에 따라 정한다. 이때는 아래에서 5번째 단에 넣었다. 온도가 너무 높으면 장작 그릴대 밖으로 꺼내서 레스팅한다.

5　고기 겉면을 손으로 만져보아 모든 면에 열기가 퍼져서 안정되었다고 판단되면, 다시 겉면에 버터를 바르고 3과 마찬가지로 활활 타는 불꽃 끝에 대며 모든 면을 약 30초간 구우며 겉면을 가열한다.

6　4와 마찬가지로 석쇠에 옮겨서 레스팅한다. 처음에는 5단, 그다음에는 구이대 아래에 잉걸불을 보충해 7단으로 옮긴다.

7　다시 5와 6을 반복한다. 여기까지 70% 정도 익은 상태. 뼈가 붙은 부분에 S자 후크를 꽂아 넣고, 솔로 오렌지 소스*를 모든 면에 바른다.

8　장작 그릴대 오른쪽에 막대를 걸치고, 핸들을 돌려 그릴을 아래로 내린다. 다시 장작을 보충하고 바람을 불어넣어 불꽃을 일으킨다. 고기를 매달았을 때 불꽃 끝이 닿을 만큼의 높이까지 타오르면, 막대에 후크를 걸어서 7을 매단다.

9　고기를 매단 상태로 불꽃 끝에 대고 굽는다. 겉면에 바른 오렌지 소스가 마르면 다시 소스를 바르고, 불꽃 끝에 대서 굽는 작업을 반복한다. 손으로 만져봐서 탄력을 확인하고, 속까지 익었으면 마무리로 한 번 더 오렌지 소스를 발라서 바삭해질 때까지 굽는다.

10　딱딱하게 탄 부분은 제거하고, 뼈를 발라낸다. 소스가 눌어붙은 껍질과 살이 어우러지게 1인분을 썰어서 접시에 담는다. 양하 피클과 차이브 소스**를 곁들인다.

---

*　오렌지 소스: 오렌지 껍질과 과육, 과즙, 셰리 비니거를 믹서에 갈고, 따뜻한 장소에 2일 정도 두어 가볍게 발효시킨다.

**　양하 피클과 차이브 소스: 퐁 브룅을 졸여서 소금, 후추로 간을 하고 갈분으로 걸쭉하게 만든 다음, 다진 양하 피클과 차이브를 넣어 섞는다.

point!

잉걸불이 되기 직전의 장작을
우유와 생크림에 넣으면,
신기하게도 팥 맛이 난다.

레클레어 스타일
딸기 다이후쿠

파사삭 부서지는 투명한 사탕 공 속에, 폭신폭신 가볍게 입에서 녹는 장작 풍미의 밀크 크림과 초콜릿 크림을 짜 넣고, 그 속에 신선한 딸기와 바삭바삭한 크림블을 숨긴 디저트. 2가지 크림 베이스는 같은 비율로 섞은 우유와 생크림에 새까맣게 태운 장작을 불꽃이 붙은 채로 넣고 하룻밤 둔 것이다. '이렇게 하면 신기하게도 팥 맛이 난다'라는 사실에서 발상해 딸기 다이후쿠(일본식 찹쌀떡 - 옮긴이)가 연상되는 요리를 고안했고, 감칠맛을 더하기 위해 초콜릿의 풍미를 곁들였다. 잉걸불이 되어 형태가 부서지기 직전의 장작을 사용하는 것이 팥과 같은 풍미를 내는 포인트이다.

만드는 법

1 장작 3~4개를 잉걸불이 되기 직전까지 충분히 태운다.

2 냄비에 우유 1ℓ와 생크림(유지방분 48%) 1ℓ를 붓고, 가볍게 섞는다.

3 불꽃이 붙어 있는 1의 장작을 집게로 꺼내서 2에 넣는다(A). 냄비를 작업대와 같은 별도의 장소로 옮기고, 한 김 식으면 냉장실에 하룻밤 넣어둔다.

4 3에서 장작을 꺼내고, 끝이 뾰족한 체에 완전히 거른다.

5 볼에 물엿 75g을 넣고, 4의 절반을 데워서 넣고 녹인다. 한 김 식으면 에스푸마 스파클링 전용 병에 넣고 가스를 충진해서 차갑게 만든다.

6 4의 남은 절반을 데우고, 커버춰 초콜릿(카카오바리 제품. 카카오 함량 63%) 200g을 담은 볼에 넣어 녹인다. 한 김 식으면 에스푸마 스파클링 전용 병에 넣고 가스를 충진해서 차갑게 만든다.

7 설탕 세공용 펌프를 이용해 지름 약 5cm의 투명한 설탕 공을 만든다. 공에 생긴 작은 구멍 주위에 테두리를 달군 무스링을 대서 구멍을 약 3cm 크기로 넓힌다.

8 7의 구멍에 5를 반 정도 짜 넣는다. 적당한 크기로 자른 딸기와 부순 크림블*을 넣고, 6을 가득 짜 넣는다(B). 구멍이 아래로 가게 접시에 담는다.

---

* 크림블: 부순 아몬드와 퓌이앙틴을 섞고, 화이트초콜릿을 녹인 생크림과 함께 차갑게 굳힌다.

도심의 주택가에 새롭게 개업해 장작불 조리 설비를 마련하는 것은 상상 이상으로 어려운 일이었습니다. 관할 소방서에 필요한 서류를 몇 번이나 제출했지만, 한때는 '장작불을 사용할 수 없다'라는 말을 듣기도 했습니다. 그래도 '장작불을 사용할 수 없다면 식당을 여는 의미가 없다'라고 설득하며, 인내심을 갖고 문제를 해결해 나갔습니다. 지시에 따라 연통 설비를 빌딩에 설치하는 공사를 진행하고, 유해 물질이 나오는 공장에서 사용하는 수준의 대형 배연, 탈취, 집진 시스템을 도입했는데, 이는 신축 빌딩이 아니면 어려웠을 것입니다. 그럼에도 오픈 초기에는 '환기팬 소리가 시끄럽다', '장작 냄새가 난다'라는 항의도 들어와서 구청의 점검도 받았습니다. 하지만 설비를 제대로 설치해서 문제가 되는 수치는 나오지 않고, 반년 정도 후에는 항의도 들어오지 않았습니다. 한 가지 놓친 점은 장작을 보관하는 공간을 고려하지 않았다는 것입니다. 그래서 어쩔 수 없이 장작을 그릴대 옆에 쌓아두고 쓰면서, 2주일에 한 번 조금씩 납품을 받고 있습니다.

장작불을 도입하고 싶었던 이유는 단순히 장작불만 사용한 요리의 참맛을 실감했기 때문입니다. 장작불 조리를 배운 경험은 없었지만, 제 요리에 장작불이라는 '조미료'가 더해지면 한층 더 뛰어난 맛을 낼 수 있다고 믿었습니다. 실제로 장작으로 재료를 익혀보니 표현의 폭이 넓어진 것 같습니다. 강렬한 고소함, 느낀 순간 코끝을 스치는 장작의 향, 왠지 정겹게 느껴지는 훈연향 등 재료, 굽는 방법, 불의 상태에 따라 다양하게 변화하는 장작 특유의 향이 매력이지요. 요리에 따라 향의 강약을 조절할 수 있으니, 코스의 모든 요리에 장작불을 사용해도 장작의 향이 맛에 방해가 되지는 않습니다.

오너 셰프

다쿠마 가즈에

1981년 후쿠오카현 출생. 도쿄의 프랑스 요리 전문점에서 경력을 쌓다가 2009년에 프랑스로 건너갔다. 약 10년간 프랑스에서 실력을 연마하고, 파리의 '르 생크'에서는 수 셰프를 역임했다. 2018년에 도쿄 시로카네타카나와에 파티스리 & 레스토랑 '리브르'를 열었다. 2021년 도쿄 다이칸야마로 이전해 '레클레어'로 리뉴얼 오픈했다.

01

에레

erre

주소 효고현 고베시 주오구 나카야마테도오리 1-22-13 힐사이드테라스 2층

영업시간 점심 12:00(일제히 시작)~14:30, 저녁 18:00~23:00(라스트 오더 20:00)

정기 휴일 화요일

메뉴 점심 오마카세 코스 2가지(7,700엔, 9,900엔),
저녁 오마카세 코스 2가지(13,800엔, 18,000엔)

객단가 점심 11,000엔, 저녁 25,000엔

좌석 수 카운터, 테이블 합계 최대 8석

장작불 조리 설비 제작 비용 난로: 30만엔, 덕트와 물 필터: 350만엔

장작불 조리 설비 시공 난로: ㈜건축공방ima조,
덕트와 물 필터: ㈜KIT MAQUIP

1개월 장작 비용과 사용량 약 7만엔(500~600kg)

장작 보관 장소 점포 내 입구 선반

수종 상수리나무, 졸참나무, 벚나무

1 오너 셰프 하마베 다카아키 씨가 설계하고, 미장 장인이 이탈리아제 내화 내열 벽돌로 만든 장작용 전면 개방식 난로. 폭 90cm×안길이 51cm×높이 110cm로, 난로 바닥 토대에는 보강을 위해 철판을 넣고, 내화 모르타르를 발라서 굳혔다. 난로 내 왼쪽의 구이대는 직접 시판 철망을 용접해 만들었다. 개업 당시에 장작불의 배기가 원활하지 않아서 도입한 서큘레이터 4대로 난로를 향해 바람을 불어넣는다. 창과 뒷문을 여닫으며 점포 내의 배기를 조절한다.

2 셰프 나가야 교헤이 씨는 같은 점포에서 하마베 씨에게 장작불 조리를 배우고, 다시 독학을 통해 직접 구이법을 확립했다.

3 점내는 난로를 갖춘 오픈 키친을 손님 자리가 둘러싸는 형태이다.

효고현 고베의 이탈리아 요리 전문점 에레는 '근원에 경의를 표한다'라는 콘셉트로, 2017년 개업 당시부터 가열 조리의 근원이라 할 수 있는 장작 구이에 몰두하고 있다. 오너 셰프 하마베 다카아키 씨는 장작으로 구운 채소의 맛에 감명받아 장작불을 도입하기로 결심했다. 개업 후에는 채소에 함께 고기와 생선 굽기, 요리의 구성 요소 조리하기, 향 입히기, 마무리로 데우기까지 요리의 모든 과정에 장작불을 활용하고 있다. 2022년에 주방장으로 취임해 현재 이곳의 모든 요리를 전담하는 나가야 교헤이 씨는 장작 훈연향을 입히고, 장작으로 익혀야 발휘되는 질감을 즐기게 하며, 뜨거운 온도를 느끼게 하는 등 장작불의 효과와 목적으로 요리마다 명확하게 변화를 준다. 그리고 똑같이 장작불을 활용하는 요리라도 성질을 바꾸며 10가지 전후로 구성된 코스에 완급을 조절한다. 열원으로 장작의 불꽃을 활용하는 시기도

있었는데, 지금은 기본적으로 잉걸불을 사용한다. 영업 1시간 전부터 10kg의 장작을 태워 잉걸불을 만들고, 코스 초반에 잉걸불을 활용하는 요리를 연속으로 제공한다. 그 후에 장작을 거의 사용하지 않는 요리를 중간중간 내고, 그 사이에 또 장작을 태워 잉걸불을 만든다. 코스 후반에는 다시 잉걸불을 활용한 요리를 제공하는 방식이다.

장작을 구입하는 경로는 하마베 씨가 개업 전에 확보했는데, 효고현 내 히라마쓰구 삼림 동호회와 롯코 오가닉 팜에서 자연 보호 차원에서 간벌재 장작을 구입한다. 난로 안길이에 맞춘 35~40cm 길이의 장작을 1년 반~2년간 건조해 수분량을 조절한다. '기름이 있는 나무껍질은 잘 타고 좋은 향이 나기 때문에' 껍질이 있는 장작을 주문하는 것도 잊지 않는다.

참치 파프리카

참치 중뱃살을 포도나무 가지로 훈연해 생선의 기름과 잘 어울리는 스모키한 향을 입히고, 장작 잉걸불로 겉면을 재빨리 가열한다. 겉은 은은하게 고소하고, 속은 따뜻한 레어로 익혔다. 송아지 고기에 참치 소스를 곁들이는 이탈리아 피에몬테의 향토 요리 '비텔로 토나토'에서 착안했는데, 여기서 참치(참치 통조림)에 곁들인 것은 소고기 브레사올라. '철분이 느껴지는 풍미가 참치와 잘 어우러진다'라고 나가야 씨는 말한다. 여기에 포인트로 양념 역할을 하는 살사 베르데에 버무린 노란 부추를 쌓아 올리고, 말린 파프리카를 파프리카즙에 불려 모양새와 질감을 참치와 유사하게 만든 것을 올려서 참치 초밥과 같은 비주얼을 표현했다. 아래에는 땅콩 밤누룩 소스를 깔아서, 참치와 소고기처럼 철분이 든 견과류 특유의 감칠맛을 곁들인다.

만드는 법

1 흑참치(돗토리현 사카이항산) 등 쪽의 중뱃살을 초밥용으로 손질하고, 약 80g(2인분)을 썬다. 상온 상태로 만들어 꼬치에 끼우고, 소금을 뿌린다. 소금을 뿌리는 타이밍은 생선 기름의 양과 살코기의 질에 따라 달라진다.

2 난로 내부 오른쪽에서 장작을 태워 잉걸불을 만들고, 삽으로 두드려 잘게 부순다. 포도나무 가지를 잉걸불 위에 놓고, 연기가 날 때까지 가열한다.

3 난로 내부 왼쪽 공간에 걸친 철제 막대 2개에 1의 꼬치를 놓는다. 2의 포도나무 가지를 집게로 집어 가까이 놓고, 가지에서 나오는 연기를 쐬어 가볍게 훈연한다(A).

4 난로 오른쪽에 준비한 2의 잉걸불 위에 석쇠를 놓는다. 꼬치를 뺀 3의 참치를 석쇠에 올리고(B), 아랫면이 하얗게 되어 석쇠 자국이 나면 바로 면을 뒤집는다(C). 그 면도 마찬가지로 변하면 바로 불에서 내린다. 가열 시간은 앞뒤 약 2초씩. 참치를 반으로 자른다(D). 난로 오른쪽 안에서 항상 새 장작을 태우고 있지만, 참치를 익히는 데는 직접 영향을 주지 않는다.

5 접시에 땅콩 밤누룩 소스*를 둥글게 깔고, 4의 단면이 위로 가게 담는다. 칼을 눕혀서 어슷하게 썬 소고기(다지마 소) 브레사올라를 참치 위에 겹쳐 올리고, 살사 베르데에 버무린 노란 부추**를 바른다. 파프리카즙에 불린 파프리카***를 올리고, 파프리카 소스****를 바른다.

---

* 땅콩 밤누룩 소스: 밤누룩(찐 단바 밤, 소금, 쌀누룩을 섞어 발효시킨 것), 구워서 얇은 껍질을 벗긴 땅콩, 꿀 비니거, 생참기름, 채수를 믹서에 갈아서 체에 거른다.

** 살사 베르데에 버무린 노란 부추: 쪄서 다진 노란 부추를 제철 허브로 만든 살사 베르데에 버무린다.

*** 파프리카즙에 불린 파프리카: 장작 잉걸불에 살짝 구운 파프리카의 얇은 껍질을 벗겨 일부는 자르고, 일부는 저속 주서로 짜서 파프리카즙을 만든다. 이 즙에 자른 파프리카를 넣어서 끓이고, 식품 건조기에 말린다. 이를 앞서 만든 파프리카즙에 3시간 동안 담가 두고, 파프리카를 건져내서 파프리카 소스(아래에서 설명)에 절인다.

**** 파프리카 소스: 파프리카 오일(아래에서 설명), 셰리 비니거, 파프리카즙(건조 파프리카를 불리고 남은 것)을 유화되지 않을 정도로 가볍게 섞는다.

*****파프리카 오일: 파프리카 파우더와 생참기름을 섞는다.

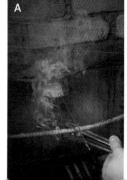

포도나무 가지로 훈연하고,
잉걸불로 구운 참치가 주인공으로,
공통 분모를 지닌 요소를 겹쳐
일체감을 표현한다.

붉바리 장작 구이

'숙성시켜서 어느 정도 수분을 빼고 잉걸불로 가열하면, 근육질 본연의 차진 식감을 표현하기 좋다'고 하는 붉바리. 5일 숙성시켜 감칠맛을 응축시키고, 살 전체에 기름이 돌게 한 후 잉걸불로 우선 껍질을 굽고, 살 쪽은 멀리 떨어진 불에 뭉근히 익힌다. 마무리로 어장 소스를 발라 굽고, 살은 너무 익히지 않으면서 단시간에 고소함을 배가시킨다. '장작에 구운 촉촉한 흰살생선이 지닌 살의 수분감을 걸쭉한 소스로 감싼다'라는 느낌으로, 갈분을 푼 양파 소스를 끼얹었다. 콩깍지즙에 끓여 맛이 진해진 어린 완두콩과 아몬드 밀크의 거품을 곁들여, 콩과 아몬드의 감칠맛과 함께 생선을 즐기게 하는 요리.

> *point!*
>
> 장작 구이한 흰살생선이
> 지닌 '수분감'을
> 걸쭉한 소스로 감싸서
> 다채로운 감칠맛과 함께
> 즐긴다.

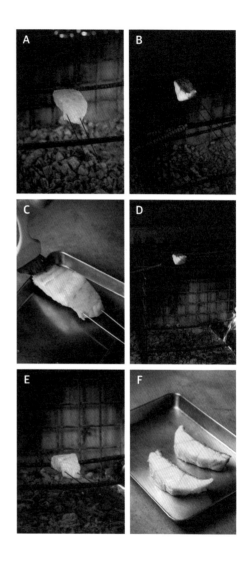

만드는 법

1 붉바리(약 2㎏)의 내장과 머리를 제거하고, 비늘을 벗긴다. 껍질이 붙은 상태로 두꺼운 키친타월과 미트 페이퍼로 감싼다. 비닐봉지에 넣고, 매일 종이를 교환하며 얼음물 속에서 5일간 숙성한다.

2 1을 약 90g(2인분)의 조각으로 자른다. 상온 상태로 만들어 꼬치에 꽂고, 소금을 뿌린다. 소금을 뿌릴 타이밍은 생선 기름의 양과 살코기의 질에 따라 달라진다.

3 난로 오른쪽 구이대 아래에 잘게 부순 잉걸불을 깐다. 잉걸불에서 약 15cm 위에 걸친 철제 막대 2개에 붉바리의 껍질이 아래로 향하게 해서 2의 꼬치를 올리고(A), 껍질을 굽는다.

4 껍질이 고소하게 구워지면 잉걸불에서 약 50cm 위에 걸친 철제 막대 2개에, 이번에는 살이 아래로 향하게 해서 꼬치를 올리고 가열한다(B). 이 지점의 온도는 약 50℃이다. 도중에 껍질을 아래로 놓아, 한쪽 면만 너무 타지 않게 굽는다.

5 4를 불에서 내려 양면에 어장 소스*를 바른다(C). 다시 4의 철제 막대에 꼬치를 올리고 면을 뒤집으며 양면을 데우듯이 굽는다(D).

6 잉걸불의 3~4cm 위에 걸친 철제 막대 2개에 꼬치를 올리고, 골고루 구워지도록 5초마다 면을 뒤집으며 아주 가까운 불로 굽는다(E). 불에서 내리고 반으로 자른다(F).

7 양파 추출물**을 데워서 갈분을 풀고, 화이트 발사믹 식초를 스프레이로 뿌린 소스를 그릇에 깔고, 6의 붉바리를 담는다. 콩깍지즙에 끓인 어린 완두콩***을 담고, 아몬드 밀크 거품****을 끼얹는다. 펜넬 씨앗 오일을 한 방울 떨어뜨린다.

---

* 어장 소스: 생참기름, 부추, 대파를 함께 절구에 으깨고, 하루 두었다가 체에 거른다. 은어 어장, 비니거를 넣고 섞는다.

** 양파 추출물: 소금을 뿌린 양파를 뚜껑이 있는 용기에 담아 오븐에 가열하고, 거기에서 나온 수분을 체에 거른다.

*** 콩깍지즙에 끓인 어린 완두콩: 어린 완두콩의 깍지와 얇은 껍질을 저속 주서로 짜서 나온 즙을 가열한다. 찜통에 찐 어린 완두콩을 넣고, 소금과 발효 버터로 맛을 낸다.

**** 아몬드 밀크 거품: 생아몬드와 물을 믹서에 갈아서 양파 추출물로 희석하고, 데워서 믹서에 갈아 거품 형태로 만든다.

멧돼지고기 폴페타

천천히 구워 완전히 익힌 고기의 맛을 장작 구이로 표현했다. 부위와 형태가 다른 4가지 멧돼지고기를 섞어서 완자를 만들어 겉면을 먼저 지지고, 완자에서 떨어지는 수분으로 피어오르는 연기로 훈연하며 면을 자주 뒤집어 속까지 굽는다. '소금에 절인 멧돼지고기를 넣어 딱딱해지는 것을 방지하는 면도 있지만, 완전히 익혀도 수분이 유지되어 퍽퍽해지지 않고, 훈연향으로 고소한 맛이 나는 것이 장작 구이의 효과'라고 나가야 씨는 말한다. 완자 위에 얹은 것은 생 양송이 슬라이스로, 뜨거운 완자를 자를 때 나오는 수증기로 양송이의 향이 피어오른다. 양송이 아래에는 판체타, 능이버섯, 안초비를 숨기고, 완자 아래에는 블랙 올리브 소스를 깔아서 복합적인 감칠맛과 깊은 맛을 추가했다. 올리브 소스에 겹쳐 올린 하얀 처빌 소스의 청량감이 모든 재료를 감싸준다.

만드는 법

1   사방 3mm로 손으로 깍둑 썬 멧돼지 목살, 사방 3mm로 손으로 깍둑 썬 멧돼지 삼겹살, 두 번 굵게 간 멧돼지 목살과 삼겹살 민스, 소금에 절인 멧돼지고기 조림*을 1:1:4:1 비율로 섞는다. 은두야(향신료를 넣어 부드럽게 만든 남이탈리아 돼지고기 소시지 - 옮긴이), 흑후추, 에샬롯을 각각 조금씩 넣고 치댄다.

2   1을 40~45g의 공 모양(1인분. 위아래를 약간 평평하게 만든다)으로 빚고, 1℃ 항온 고습기에 넣어 속까지 차갑게 만든다. 꼬치를 꽂고 소금을 뿌린다.

3   난로 오른쪽 구이대 아래에 잘게 부순 잉걸불을 깔아준다. 잉걸불에서 약 7~8cm 위에 걸친 철제 막대 2개에 2의 꼬치를 올리고, 면을 뒤집으며 굽는다. 먼저 겉면을 지지고(A), 육즙이 부글부글 끓으며 겉면에 배어 나와 잉걸불에 떨어지면 면을 뒤집는 시간 간격을 줄이고 연기로 훈연하며 굽는다(B).

4   고기 속의 기름이 점차 녹아서 완자가 갈라지기 시작하면 불에서 내린다. 꼬치를 빼고 파이 접시에 담아, 따뜻한 곳에서 보온한다(C).

5   접시에 처빌 소스**를 둥글게 깔고, 주위에 블랙 올리브 소스***를 뿌린 다음, 4의 폴페타를 담는다. 그 위에 슬라이스한 판체타, 말린 능이버섯과 안초비****를 순서대로 쌓고, 얇게 썬 화이트 양송이를 봉긋하게 올린다.

---

*   소금에 절인 멧돼지고기 조림: 중량의 1%만큼의 소금에 하룻밤 절인 멧돼지 힘줄고기를 삶아서 물을 따라 버린다. 구운 마늘, 겉면을 태우며 구운 양파, 통 흑후추, 물과 함께 냄비에 넣고, 힘줄고기가 부드러워지고 국물이 완전히 졸아들 때까지 끓인다.

**   처빌 소스: 처빌(전호) 뿌리를 코코트에 넣고 오븐에서 부드러워질 때까지 가열한다. 벗긴 처빌 껍질을 물에 담아 향을 우린다. 그 물에 껍질을 벗긴 처빌 뿌리와 소금을 넣어 끓이고, 믹서에 갈아 체에 거른다.

***   블랙 올리브 소스: 말린 블랙 올리브와 엑스트라 버진 올리브유를 믹서에 갈아 체에 거른다.

****   말린 능이버섯과 안초비: 마늘 오일을 달궈서 안초비를 넣어 녹이고, 물에 불려 다진 말린 능이버섯과 쪄서 다진 노란 부추를 넣고 볶는다. 향이 나면 레몬즙으로 데글레이즈하고, 말린 능이버섯을 불린 물을 넣고 조린다.

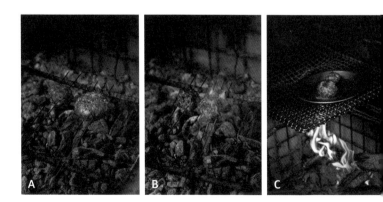

만드는 법

1 소고기(도사 적우) 안심의 기름과 힘줄을 깔끔하게 제거하고 두께 3cm(약 150g)로 자른다. 석쇠를 올린 배트에 담고 1℃ 항온 고습기에 한나절 이상 넣어 겉면을 말린다.

2 난로 오른쪽에서 만든 잉걸불을 잘게 부숴서(**A**) 왼쪽 그릴 아래에 깔고, 그릴과의 간격이 2~3cm가 되도록 잉걸불의 높이를 조절한다. 핸디 팬으로 공기를 불어넣어 화력을 높인다(**B**). 그릴에 그을음이 묻으면 천으로 닦아낸다.

3 그릴 위의 열기가 강해져 뜨거워지면, 1의 고기를 차가운 그대로 2의 그릴에 놓고 굽기 시작한다(**C**). 처음에는 '그릴에 기름이 스며들게 하는 느낌'으로 몇 초마다 면을 바꾼다. 그 후 약 20초가 지나면 면을 뒤집고, 약 20초 후 다시 면을 뒤집는다.

4 고기의 겉면이 지져지면, 솔로 소힘줄 육수*를 양면에 바른다(**D**). 면을 자주 뒤집으며 굽고, 점차 뒤집는 간격을 단축한다. 또한, 잉걸불이 약해지면 핸디 팬으로 공기를 불어넣어 벌겋고 강한 불을 계속 유지한다.

5 고기 중심에 쇠꼬치를 끼웠다가 빼고, 피부에 대보며 내부 온도를 확인한다. 근섬유가 풀어지고 중심이 뜨거워지기 직전이면, 양면에 소금을 뿌려서 지진다(**E**).

6 난로 오른쪽의 구이대 아래에 화력이 강한 잉걸불을 깔고 핸디 팬으로 화력을 높여 둔다. 고기를 잉걸불에서 떨어뜨려 바로 쇠꼬치를 꽂고, 잉걸불의 약 3cm 위에 걸친 철제 막대 2개에 고기 꼬치를 올린다(**F**). 불 가까이에 대고 면을 뒤집으며 가열하고, 구운 색을 진하게 내서 마무리한다. 꼬치를 빼고 반으로 자른다.

7 영콘 콩피**에 꼬치를 꽂고, 잉걸불의 50cm 위에서 천천히 굽는다. 잉걸불의 약 3cm 위로 옮기고, 노릇한 색을 내면서 데운다. 마무리로 옥수수 심 소스***를 발라가며 굽는다.

8 접시에 6의 고기를 담고, 단면에 소금을 뿌린다. 7의 영콘을 꼬치에서 빼서 고기 옆에 담고, 그 위에 옥수수 소스****를 끼얹는다. 산초 청귤 살사 베르데*****를 곁들인다.

---

* 소힘줄 육수: 소고기를 손질할 때 나온 힘줄, 마늘, 에샬롯, 레드 와인으로 육수를 낸다.

** 영콘 콩피: 소의 골수를 불에 올려서 굽고, 체에 걸러 용기에 담는다. 코리앤더(홀), 생 영콘, 포도나무 가지로 훈제한 옥수수 심을 담그고, 찜통에서 40분간 가열한다. 영콘을 건져서 기름을 닦아낸다.

*** 옥수수 심 소스: 옥수수 심과 옥수수 알맹이의 즙을 짜고 난 찌꺼기와 발효 양파를 함께 끓인다. 걸쭉해질 때까지 조린 후 체에 거른다.

**** 옥수수 소스: 옥수수 알맹이를 짜서 즙을 내고, 졸여서 체에 거른다.

***** 산초 청귤 살사 베르데: 소금에 절인 산초 열매와 소금에 절인 게라지 귤껍질을 다지고, 소량의 살사 베르데와 섞는다.

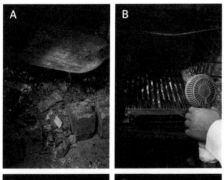

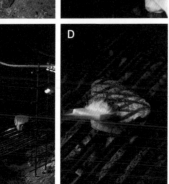

도사 적우 장작 구이

차가운 소고기를 최대 화력의 잉걸불로 면을 자주 뒤집으며 굽는데, '중심부의 차가움과 바깥에서 가해지는 강한 열의 힘이 서로 반발해, 결과적으로 천천히 익히는 느낌'으로 가열한다. 소힘줄 육수를 발라 마이야르 반응을 가속시켜 고소함을 더하고, 마무리로 잉걸불 아주 가까이에 대고 뜨겁게 데운다. 겉면은 바삭한 식감, 겉면 안의 몇 밀리미터는 조금 깊이 익어서 '씹을수록 맛있는' 층, 중심부는 부드러운 레어로 세 층을 만들어, 하나의 고기로 다면적인 매력을 표현했다. 고기 장작 구이의 맛을 전면에 내세우기 위해 메인 고기 요리는 소스를 끼얹지 않는 경우가 많은데, 이번에도 제철 영콘으로 만든 곁들임 요리와 고기 맛을 살려주는 양념만 옆에 담았다.

point!

단면이 세 개 층이 되도록
강한 잉걸불로 소고기를
섬세하게 굽는다.
고기 본연의 맛을 즐기기 위해
소스 없이 제공한다.

우엉

동물성 재료를 사용하지 않는 비건 요리. 돼지감자의 훈제 향을 우린 오일로 우엉을 콩피한 다음, 꼬치를 꽂아서 잉걸불로 고소하게 굽는다. 도중에 양파의 감칠맛을 응축시킨 소스를 바르는 것도 포인트이다. 주재료엔 우엉에 우엉과 어우러지는 흙내음을 지닌 풍미를 더하고, 장작 구이로 겉면에 고소한 향과 훈연향, 뜨거운 온도감을 더해, 단조롭고 밋밋하기 쉬운 비건 요리에 깊고 복합적인 맛과 풍부한 풍미를 주었다. 우엉 아래에는 진한 감칠맛과 산미를 곁들이기 위해 흑유자 간즈리(니가타현 묘코 지역의 매운 조미료 - 옮긴이) 소스를 깔고, 헤이즐넛 누룩 소스를 부었다. 이곳에는 이렇게 언뜻 심플해 보이지만 치밀한 조리와 복잡한 요소가 공존하는 요리가 많다.

만드는 법

1 우엉(홋카이도현 오비히로시 와다 농원 생산품)을 씻어서 물기를 닦고, 약 10cm 폭으로 자른다. 훈제 돼지감자칩*과 함께 쌀기름에 담그고, 용기째 찜통에서 3시간 동안 가열한다.

2 우엉을 건져서 기름을 닦아내고, 양념이 잘 배도록 위아래로 격자 모양 칼집을 넣는다.

3 2에 꼬치를 꽂고 소금물을 스프레이로 뿌린다. 난로 오른쪽에 깔아둔 약··중불 잉걸불의 약 15cm 위에 꼬치를 올려서 굽는다(**A**).

4 고소한 향과 구운 색이 나면 불에서 잠시 내리고, 양파 소스**를 빌라(**B**) 다시 잉걸불 위에 꼬치를 올려서 굽는다. 잉걸불에 핸디 팬으로 공기를 불어넣어 화력을 높이고, 속까지 데운다.

5 접시에 헤이즐넛 누룩 소스***를 둥글게 깔고, 흑유자 간즈리 페이스트****를 소량 올린다. 그 위에 꼬치에서 뺀 4를 담는다.

---

* 훈제 돼지감자칩: 얇게 썰어 말린 돼지감자를 상수리나무 껍질로 훈연한다.

** 양파 소스: 구운 양파, 발효 양파, 흑양파(흑마늘을 만드는 것처럼 양파를 숙성시킨 것)를 물과 함께 조려서 체에 거른다.

*** 헤이즐넛 누룩 소스: 헤이즐넛에 쌀누룩과 소금물을 섞어 발효시킨 것, 구운 헤이즐넛, 화이트 발사믹 식초, 생참기름, 채수를 믹서에 갈아서 체에 거른다.

**** 흑유자 간즈리 페이스트: 흑유자(흑마늘을 만드는 것처럼 유자를 숙성시킨 것)와 올리브유, 물, 설탕을 섞어 페이스트로 만들고, 다진 훈제 돼지감자칩, 간즈리와 섞는다.

장작 구이는 수분을 머금은 열이 재료에 뭉근히 스며드는 느낌이라, 마치 숯불에 스팀 컨벡션 기능이 추가된 듯합니다. 다만 저희 레스토랑의 난로는 스팀 컨벡션 오븐처럼 모든 방향에서 감싸며 가열하는 것은 아니고, 벽돌에서 나오는 복사열이 적어서 기본적으로 주로 잉걸불을 깔아둔 아래쪽에서 가열합니다. 그래서 재료의 면을 자주 뒤집고, 잉걸불을 잘게 부숴서 균일한 화력을 만들어 줍니다. 열원과 재료 사이의 거리를 미세하게 조절하고, 열을 쬐는 방법과 잉걸불의 상태를 면밀히 확인하는 것도 중요하지요.

개인적으로는 생선 장작 구이를 좋아하는데, 생선은 굽기 전에 숙성시켜 재료의 수분량을 조절하는 것이 필수라고 생각합니다. 장작 구이의 장점은 단시간에 익혀 재료가 잘 마르지 않고 수분이 유지된다는 것이지만, 재료가 수분을 과하게 머금으면 싱거워지면서 본연의 맛이 흐려지고 맙니다. 또한, 생선 기름의 감칠맛과 훈제 향이 잘 어울리기 때문에, 이번에 사용한 참치 외에 삼치, 연어, 줄무늬전갱이 등 기름이 오른 생선을 포도나무 가지로 훈연하기도 합니다. 고기는 살과 비계에 감칠맛이 가득하니 순수하게 고기 자체를 즐기는 것이 장작 구이에 적합하다고 생각합니다. '도사 적우(도사 아까우시)'가 좋은 예로, 그 외에 어린 양고기와 멧돼지고기도 좋습니다. 요리의 요소로 동물성의 감칠맛이 강한 소스가 더해지면 고기 본연의 매력이 제대로 전달되지 않는다고 생각해서, 메인 요리인 고기 장작 구이에는 고기와 그 뼈로 만드는 소스는 굳이 곁들이지 않는 경우가 많습니다.

셰프
나가야 교헤이

1985년 기후현 출생. 근거지의 이탈리아 요리 전문점을 거쳐 이탈리아로 건너갔다. 토스카나와 피렌체의 미슐랭 1스타 레스토랑 3곳에서 약 2년간 근무했다. 귀국 후 도쿄 긴자의 '알마니 리스토란테'에서 하마베 다카아키 씨와 만나, 2017년에 하마베 씨와 '에레'를 독립 개업할 때, 부주방장으로 들어왔다. 2022년에 주방장으로 취임하고, 하마베 씨는 경영 업무에 전념하고 있다.

08

기논

kinon, 季音

주소 가나가와현 가마쿠라시 오나리마치 13-22

영업시간 점심 대관만 가능, 저녁 18:00~23:00(라스트 오더 19:30)
※1팀 2~3명의 경우는 18:00 도어 오픈·준비가 되는 대로 일제히 시작

정기 휴일 일요일, 월요일

메뉴 오마카세 코스 3가지(13,200엔~29,000엔) ※장작 비용 10% 별도

객단가 23,000엔

좌석 수 카운터 2팀(1팀 2~3명) 또는 대관 4~6명

장작불 조리 시설 제작 비용 난로: 140만엔,
배기 그을음 제거 장치: 320만엔, 연통 추가 공사: 30만엔

장작불 조리 시설 시공 난로와 연통 추가 공사: ㈜후지모토건축사무소,
배기 그을음 제거 장치: ㈜쿠리에

1개월 장작 비용과 사용량 약 2만엔(약 200kg) ※배송비 별도

장작 보관 장소 점포 밖에 설치한 뚜껑 있는 용기

수종 졸참나무, 느티나무, 벚나무, 떡갈나무

1 장작용 난로 왼쪽 안에서 장작을 태우고, 잉걸불이 만들어지면 난로 가운데 바깥쪽으로 옮겨 그 위에서 재료를 굽는다. 난로 가운데 안쪽 벽돌 단과 오른쪽 15단 선반은 재료를 보온, 레스팅, 훈연하는 공간이다. 장작은 가마쿠라산 졸참나무, 느티나무, 벚나무, 떡갈나무. 수종에 따라 구분하지 않고, 급히 잉걸불을 만들 때는 가느다란 장작을, 훈제용은 껍질이 많아서 향이 강한 장작을 사용한다.

2 카운터 석만 있는 점내. 점포 안팎으로 보이는 창가에는 굵은 장작을 장식하고, 위에는 배기구를 겸한 방충망 창을 설치했다.

3 오너 셰프 무라노 도시카즈 씨는 미국 샌프란시스코의 장작불 요리 전문점 '세븐'에서 약 1년간 장작불을 다루는 법과 장작불 요리의 아이디어를 배웠다.

시크한 블랙 벽돌 난로가 눈길을 끄는 장작불 요리 전문점인 기논. 오너 셰프 무라노 도시카즈 씨는 장작불 요리로 유명한 당시 조슈아 스킨즈(Joshua Skenes) 씨가 이끌던 샌프란시스코의 '세븐'에서 근무하며 페이스트리 셰프도 담당했다. 독립 개업 당시 세븐의 장작불 설비를 참고해 조리와 서비스를 혼자 해낸다는 전제로, 쓰기 편하고 청결도 고려한 장작용 난로를 만들었다. 가장 큰 특징은 완전 개방형이 아닌 장작을 태워 잉걸불을 만드는 왼쪽 공간의 절반을 벽돌로 둘러싸고 있다는 것. 불꽃의 열과 불똥이 난로 밖으로 잘 빠져나가지 않는 것이 장점이다. 무라노 씨는 '장작불을 활용해 온갖 재료가 지닌 미지의 맛을 탐구했던' 세븐에서의 경험을 살려, 그곳의 요리를 일본 손님 입맛에 맞게 재해석한 코스를 구성했다. 장작 불꽃이 아닌 잉걸불을 중심으로 사용하고, 여기에 난로 오른쪽 선반 아래에 방금 잉걸불이 된 장작을 깔아 연기를 쐬며 재료, 조미료, 고기, 생선의 뼈 등 갖가지를 훈연하는 기법도 이용한다. 약 10가지로 구성된 오마카세 코스에는, 맛에 감명을 받아 가마쿠라는 지역을 선택한 계기가 된 채소와 제철 해산물을 마음껏 사용한다. 주재료에 포커스를 맞추고, 잉걸불 조리로 고소한 맛과 장작의 향과 같은 다양한 요소를 정성껏 쌓아 올려 맛과 식감에 깊이를 더한다. 대부분 요리에 장작불을 사용하느라 비슷한 요소가 이어져 지루해지지 않도록, 장작불을 전혀 사용하지 않고 만든 소스와 수프를 중간중간 투입하며 풍미에 변주를 주고, 기분 좋게 식사를 마무리하도록 신경 쓴다.

만드는 법

1. 난로 가운데 바깥쪽에 잉걸불을 1단 분량*만큼 깔고, 바깥쪽과 안쪽에 놓인 내화 벽돌에 석쇠를 걸친다.

2. 두 입 크기의 직사각형으로 자른 팽 드 캉파뉴**를 제공 시 윗면이 되는 쪽이 아래로 가게 석쇠에 올려서(A) 그 면만 굽는다. 그대로 두어 겉면에 고소한 향과 연한 색이 날 때까지 굽는다. 배트에 옮겨서(B) 따뜻한 장소에서 보온한다.

3. 태운 버터를 만들고, 다시마 국물과 직접 만든 가에시***를 넣어 한소끔 끓인 후 불을 끈다.

4. 2의 구운 면을 위로 놓고, 아래쪽의 약 2/3까지 스며들도록 3에 5분간 담근다.

5. 구운 면 위에 생 성게를 늘어놓는다. 성게 위에 달걀노른자와 직접 만든 가에시를 2:1 비율로 섞은 양념을 솔로 바르고, 훈제 소금****을 뿌린다. 접시에 담는다.

A

B

---

* 단: 무라노 씨는 난로에 까는 잉걸불의 양을 1~6단으로 표현한다. 난로 바깥쪽 둘레의 위쪽 가장자리에 닿기 직전까지 잉걸불을 쌓은 것이 최대량(6단 분량)으로, 1단 분량은 이를 6으로 나눈 양이다.

** 팽 드 캉파뉴: 지역의 베이커리에 특별 주문한 것. 반죽에 산미가 적고 촘촘하며 탄력이 있다.

*** 직접 만든 가에시: 설탕, 미림, 진간장을 섞어서 조린 후 식힌다.

**** 훈제 소금: 소금(말돈 씨솔트)을 배트에 펼쳐 거즈로 감싼다. 방금 잉걸불이 되어 아직 연기가 나는 장작으로 약 하루 동안 훈연한다.

성게 토스트

기술을 익혔던 '세븐'의 특선 메뉴를 근거로, 소스에 다시마 국물을 넣어 감칠맛을 더하고, 그만큼 짠맛을 줄인 요리를 만들었다. 직사각형으로 자른 팽 드 캉파뉴의 한쪽 면을 잉걸불에 구워 고소한 향을 입히고, 차가운 생 성게를 듬뿍 올린다. 빵 아래에는 '프렌치토스트를 만들듯' 버터 풍미의 달콤 짭짤한 뜨거운 소스를 듬뿍 적신다. 마무리로 성게 위에 달걀노른자 베이스의 양념을 발라 비린내를 커버하고 윤기를 더한 후, 장작의 훈연향을 입힌 스모키한 소금을 뿌려 바삭한 식감과 고소한 향을 더한다.

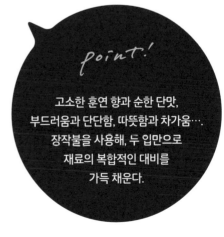

point!

고소한 훈연 향과 순한 단맛,
부드러움과 단단함, 따뜻함과 차가움….
장작불을 사용해, 두 입만으로
재료의 복합적인 대비를
가득 채운다.

다시마에 숙성한 따뜻한 캐비아

만드는 법

1 30cm×20cm의 직사각형으로 자른 다시마를 펼치고, 가운데에 다시마 국물에 조린 미역을 겹치지 않게 깔고, 캐비아(프랑스산 세브루가. 1인분 30g)을 펼친다. 정제 해조 버터*를 몇 방울 떨어뜨리고, 방금 잉걸불이 되어 아직 연기가 나는 장작으로 훈연한 미역을 흩뿌린다.

2 1의 다시마를 위아래와 좌우로 접어 캐비아와 미역을 감싼다. 냉장실에 약 3시간 동안 둔다.

3 난로 가운데 바깥쪽에 화력이 강한 잉걸불을 2단 분량(160쪽 참조)으로 깔고, 바깥쪽과 안쪽에 놓인 내화 벽돌에 석쇠를 걸친다. 잉걸불에 바람을 불어넣어 벌겋게 만든다.

4 2에 분무기로 물을 뿌려 양면을 살짝 적시고, 3의 석쇠 위에 올린다(A). 잉걸불에 가볍게 바람을 불어넣어 센 불을 유지하고, 다시마 겉면이 마르면 다시 물을 뿌린다. 약 30초 후에 면을 뒤집어 같은 방법으로 가열하고, 약 30초가 지나면 불에서 내린다.

5 다시마를 열어(B) 캐비아와 미역을 꺼내고, 시금치 버터 소테**를 깔아둔 접시에 담는다. 데운 다시마 국물을 붓고, 엑스트라 버진 올리브유(이탈리아 아르두이노사 제품)를 몇 방울 떨어뜨린다.

---

* 정제 해조 버터: 정제버터에 파래 가루를 섞는다.
** 시금치 버터 소테: 시금치를 정제버터에 넣고 천천히 가열해 단맛을 끌어낸다.

'캐비아에 대한 이미지가 크게 달라질 정도로 충격을 받았던' 세븐의 메뉴를 일본인의 입맛에 맞게 짠맛을 줄여 재해석했다. 캐비아는 밑국물에 조린 미역과 장작불로 훈연한 미역, 파래 풍미의 정제버터와 함께 다시마로 감싸 '다시마 숙성(곤부지메)'한다. 손님에게 제공하기 직전에 다시마를 촉촉하게 적시며 강한 잉걸불에 대고, 생 캐비아의 식감을 유지할 만큼 살짝 데운다. 버터의 풍미가 돋보이는 시금치와 따끈한 다시마 국물과 함께 그릇에 담고, 엑스트라 버진 올리브유를 떨어뜨린다. 다양한 해조류의 향과 감칠맛이 스며든 캐비아의 짭짤한 맛에 시금치의 단맛, 다시마 국물의 감칠맛, 올리브유의 상큼한 향이 조화를 이룬다.

POINT!

1주일에 걸쳐 장작불에
훈연한 문어포가
전체를 아우르는 역할을 한다.
재료에도 훈연향을 입혀
풍미에 통일감을 준다.

아주 약한 잉걸불의 연기를 쐬어 딱딱하게 말린 '문어포'는 단맛이 느껴지는 부드러운 감칠맛을 지녔다. 이 문어포를 얇게 깎아서 듬뿍 뿌려 전체를 아우르는 제철 해산물 리소토는 이곳의 시그니처 메뉴이다. 이번에는 신선한 전복에 훈제 오일을 발라 강한 잉걸불에 구워 고소함을 입히고, 가리비 콩소메가 베이스인 크림 리소토에 얹었다. 리소토에는 문어포와 같은 방법으로 훈연한 훈제 순무를 넣어, 식감과 향으로 맛을 살렸다. 별도로 곁들여 취향에 따라 끼얹어 먹는 전복 내장 소스에는 일부러 장작불 조리의 요소를 빼서, 입가심하는 역할도 한다.

전복 리소토와 문어포

만드는 법

1 문어포를 만든다. 문어를 해체해 다리와 몸통을 나눈다. 난로 오른쪽 선반 아래에 방금 잉걸불이 되어 연기가 나는 장작을 부숴서 깔아준다. 장작 위 25cm의 철제 틀에 석쇠를 걸치고, 연기가 닿는 지점에 문어를 놓는다(**A**). 이 상태로 1일당 약 12시간 동안 훈연하고, 약 1주일에 걸쳐 수분이 완전히 빠질 때까지 말린다. 도중에 장작을 교체하며 연기가 끊이지 않게 한다. 퇴근할 때처럼 점포를 비울 때는 불에서 내려, 냉장실에 보관한다.

2 리소토를 만든다. 지롤 버섯을 약간의 버터에 볶다가 리소토 베이스*를 넣는다. 가리비 콩소메, 생크림, 잘게 다진 케이퍼, 굵게 다진 훈제 순무**를 넣고 조린다. 스노우피 버터 소테를 넣고 섞는다.

3 전복을 껍데기에서 분리해 살과 내장을 나눈다. 살은 으깨지지 않을 만큼 바로 막대로 약 100번 정도 고루 두드려 부드럽게 만든다. 내장은 소스용으로 따로 보관한다.

4 난로 가운데 바깥쪽에 잉걸불을 5~6단 분량(160쪽 참조)으로 깔고, 바깥쪽과 안쪽에 놓인 벽돌에 석쇠를 걸친다. 잉걸불에 바람을 불어넣어 벌겋게 만든다. 전복 살에 훈제 오일***을 바르고, 앞면이 아래로 가게 석쇠에 올리고 1분 정도 굽는다. 앞면에 고소한 향이 나면 뒤집어서 뒷면도 살짝 굽는다. 익힘 정도의 비율은 앞이 9, 뒤가 1.

5 1의 문어포(**B**의 오른쪽)를 치즈 강판으로 잘게 갈고(**C**), 바싹 마를 때까지 잠시 둔다.

6 2의 리소토를 그릇에 담고, 송송 썬 쪽파, 연근 튀김****, 두껍게 썬 4의 전복 순으로 올리고, 5를 듬뿍 얹는다. 다른 그릇에 담은 전복 내장 소스*****를 함께 제공한다.

---

* 리소토 베이스: 올리브유로 쌀을 볶다가, 끓인 가리비 콩소메를 넣는다. 다시 끓으면 뚜껑을 덮어 약불로 6분간 가열하고, 6분간 뜸을 들인다. 미리 만들어 냉장실에 보관한다.

** 훈제 순무: 순무를 문어포와 같은 순서대로 2~3일간 수분이 빠질 때까지 훈연한다 (**B**의 왼쪽).

*** 훈제 오일: 올리브유와 샐러드유를 함께 용기에 담고, 방금 잉걸불이 되어 아직 연기가 나는 장작에 하루 정도 훈연해 향을 입힌다.

**** 연근 튀김: 튀김옷 없이 튀긴 연근을 믹서에 가볍게 갈아 굵게 다진다.

***** 전복 내장 소스: 태운 버터에 전복 내장, 잘게 다진 케이퍼, 에샬롯, 마늘을 넣고 약불로 2분 정도 가열한 다음, 믹서에 갈아준다.

point!

섬세하게 익히기 위해
새우와 잉걸불의
거리를 조절하며
정교하게 굽는다.

닭새우 장작 구이

회로 먹을 수 있을 만큼 신선한 닭새우를 심플하게 장작에 구웠다. 살이 말리
지 않게 꼬치에 꽂고, 넉넉한 양의 강한 잉걸불 위에 올린다. 훈제 오일을 떨
어뜨려 고소한 훈연향을 입히며 색이 날 때까지 굽는다. 불에 닿게 하는 시간
은 등 쪽이 90%, 살 쪽이 10%. 겉면만 색을 내고 속은 레어로 완성하기 위해
불과의 거리를 섬세하게 조절했다. 소스는 새우 껍질을 활용한 거품 형태의
크리미한 아메리켄 소스(Américaine Sauce)와 새우 자투리를 남김없이 사용한
매콤한 XO장. 입가심으로 아침에 수확한 옥수수의 풍미를 제대로 살린 수프
를 곁들인다.

만드는 법

1 닭새우의 머리와 껍질을 분리하고, 꼬리를 잘라낸다. 몸통의 형태를 잡고, 평평하게 눌러서 꼬리부터 머리 쪽으로 꼬치를 꽂는다. 자투리는 XO장*용으로, 껍질은 아메리켄 소스**용으로 따로 보관한다.

2 난로 가운데 바깥쪽에 잉걸불을 5~6단 분량(160쪽 참조)으로 깔고 윗면을 평평하게 정돈한다. 바깥쪽과 안쪽에 놓인 벽돌에 1의 등 쪽이 아래로 가게 꼬치를 걸친다. 바람을 불어넣어 잉걸불을 벌겋게 만들며 화력을 높인다. 도중에 훈제 오일(163쪽 참조)을 몇 번 떨어뜨려 연기를 일으켜 훈연한다(A).

3 등 쪽의 구운 색을 확인해서 익었다고 판단되면 면을 뒤집는다(B). 살 쪽은 바람을 불어넣지 말고 약한 잉걸불로 데운다. 익힘 정도의 비율은 등 쪽이 9, 살 쪽이 1.

4 꼬치를 빼서 그릇에 담고, 아니스 스위트 잎으로 장식한다.

5 아메리켄 소스를 데우고, 들어있던 허브를 건져낸다. 소량의 생크림, 달걀노른자와 함께 믹서에 갈아 거품 형태로 만든다. 스푼으로 떠서 4에 담는다.

6 5, 다른 그릇에 담은 XO장, 옥수수 수프***를 함께 제공한다.

---

* XO장: 냄비에 올리브유를 두르고, 잘게 다진 마늘, 에샬롯을 색이 날 때까지 볶는다. 닭새우 자투리, 타임 잎을 넣고 볶다가 잘게 다진 고추, 생햄, 큐민 파우더, 파프리카 파우더를 넣고 살짝 가열한다.

** 아메리켄 소스: 엑스트라 버진 올리브유를 두른 냄비에 굵게 다진 양파, 당근, 셀러리, 마늘을 향이 날 때까지 볶는다. 적당히 자른 닭새우 껍질을 넣고, 채소가 익으면 토마토 페이스트를 넣고 섞는다. 닭 육수(다이센도리 제품 콩소메에 다시마 국물을 넣고 끓인 것)와 물을 넣어 끓이고, 약 1시간 반 동안 약불로 조린다. 끝이 뾰족한 체에 거르고, 타임과 타라곤을 넣는다.

*** 옥수수 수프: 아침에 수확한 옥수수의 알맹이를 믹서에 넣고, 입자가 조금 남는 액상이 될 때까지 갈아준다. 냄비에 옮겨 담아 끓이다가, 생크림과 우유를 넣고 섞는다.

호도애 장작 구이

3일 숙성으로 맛을 응축시켜 감칠맛이 진한 호도애(비둘깃과의 새 - 옮긴이)를 장작으로 구웠다. 붉은 살코기의 진한 맛이, 장작으로 입힌 향과 강렬한 고소함으로 더욱 살아난다. 호도애는 숙성시킨 후 절임액에 담갔다가 가볍게 말린 다음, 뜨겁게 달군 기름을 부어 껍질을 바삭하게 만든다. 그다음 잉걸불 가까이에 대고 구워 겉면에 열을 가한 다음 레스팅해서 속까지 데우는 공정을 반복해, 고기의 내부까지 균등하게 열을 전달하며 촉촉하게 굽는다. 곁들인 살미 소스와 입가심용 호도애 콩소메 모두, 잉걸불로 고소하게 구운 호도애 뼈가 풍미의 요소이다. 정제버터를 발라 잉걸불로 바삭하게 구운 케일로 포인트를 준다.

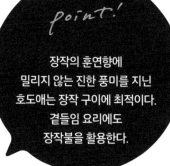

point!

장작의 훈연향에
밀리지 않는 진한 풍미를 지닌
호도애는 장작 구이에 최적이다.
곁들임 요리에도
장작불을 활용한다.

만드는 법

1 호도애(프랑스 랑드산. 약 3일간 숙성)를 해체해, 반 마리를 가슴살과 넓적다리살로 나누어 자르고, 염분 농도 1.1%의 절임액에 담가서 24시간 동안 냉장실에 넣어둔다. 뼈는 소스와 수프용, 내장은 소스용으로 따로 보관한다.

2 호도애를 망에 올리고 냉장실의 바람이 닿는 곳에 하루 동안 두어 껍질을 말린다. 가슴살, 넓적다리살에 꼬치를 끼운다.

3 냄비에 샐러드유를 넣어 180℃로 달구고, 껍질이 있는 겉면이 바삭해질 때까지 2에 기름을 끼얹는다. 기름이 튀므로, 위험하지 않은 장소에 냄비를 옮겨서 진행한다. 따뜻한 곳에서 30분 정도 레스팅한다.

4 난로 가운데 바깥쪽에 잉걸불을 6단 분량(160쪽 참조)으로 깔고, 바깥쪽과 안쪽에 놓인 벽돌에 석쇠를 걸친다. 바람을 불어넣어 잉걸불을 벌겋게 만든다.

5 3의 가슴살과 넓적다리살의 껍질이 아래로 가게 4의 석쇠에 올린다. 잉걸불에 바람을 불어넣어 강한 화력을 유지한다. 껍질이 있는 겉면에 색이 나기 시작하면 면을 뒤집고, 살 쪽도 5초 정도 굽는다. 다시 면을 뒤집고, 껍질이 살짝 그을 때까지 굽는다(A).

6 고기를 따뜻한 곳에서 레스팅한다. 장소는 온도가 조금 낮은 난로 오른쪽 선반에 걸친 망의 어딘가, 또는 온도가 조금 높은 난로 가운데 안쪽(B)이 좋다. 레스팅하는 장소와 시간은 고기의 상태와 제공하기까지의 시간에 맞게 바꾼다.

7 몇 분마다 고기를 눌러보며 겉면의 온도와 탄력을 확인한다. 겉면의 온도가 떨어지면 5와 같은 순서대로 겉면이 데워질 때까지 굽는다. 이때부터 잉걸불 양은 4단 분량 정도로 맞추고, 잉걸불에 바람을 불어넣고 석쇠 위치를 올려서 불 세기를 조절한다. 6과 마찬가지로 레스팅한다.

8 이후에는 7과 같은 방법으로 구워서 레스팅하는 작업을 합계 5~6번 진행해, 약 85%까지 익힌다.

9 잉걸불에 바람을 불어넣어 벌겋게 만들고, 꼬치를 빼서 고기 양면을 구워 뜨겁게 마무리한다(C). 넓적다리살을 반으로 자르고, 가슴살과 함께 접시에 담는다.

10 살미 소스*를 끼얹고 민트 오일을 떨어뜨린 후 케일**과 소금을 곁들인다. 콩소메 수프***와 함께 제공한다.

---

* 살미 소스: 장작 잉걸불로 고소하게 구운 호도애 뼈로 낸 육수를 베이스로, 호도애 내장을 넣어 만든다.
** 케일: 정제버터를 바르고 소금을 뿌려 장작 잉걸불에 바삭하게 굽는다.
*** 콩소메 수프: 닭 육수(다이센도리 제품 콩소메에 다시마 국물을 넣고 끓인 것)를 데우고, 장작 잉걸불로 고소하게 구운 호도애 뼈를 넣어 향을 우린다.

point!

보기에는 하얗고
깨끗한 아이스크림이지만
먹어보면 장작의 훈연향이 나는
놀라운 연출.

스모크 아이스크림

재를 털어낸 잉걸불을 순간적으로 담가 향을 우린 우유와 생크림이 베이스인, 스모키한 향과 감칠맛이 함께 담긴 아이스크림. 달콤 짭짤하며 씁쓸한 소금 캐러멜 소스와 바삭바삭 기분 좋게 씹히는 카카오닙스를 곁들였다. 아이스크림에는 훈연한 시럽을 베이스로 만든 수제 마시멜로를 배합했다. 파코젯으로 만들어 폭신폭신 가벼우며 부드럽고 매끈한 감촉, 단숨에 녹는 독특한 식감을 모두 갖추었다.

만드는 법

1   우유와 생크림(유지방분 35%)을 각각 냄비에 붓는다. 장작을 태워 잉걸불을 만들고, 겉면의 재를 완전히 털어내서 각 냄비에 넣는다. 츄우욱하는 소리가 나면 동시에 잉걸불을 건져내고, 각각 커피용 종이 필터로 거른다.

2   마시멜로를 만든다. 판젤라틴 25g을 물에 불리고, 데운 스모크 시럽* 250g을 부은 냄비에 넣어 녹인다. 그래뉴당 125g과 물 125g을 넣어 거품을 내고, 냉장실에서 차갑게 굳힌다.

3   1의 우유 150g과 생크림 100g, 수제 크렘 프레슈** 400g, 2의 마시멜로 250g을 믹서에 넣고 액상 형태로 갈아준다. 파코젯 전용 용기에 넣고 하룻밤 동안 냉동한다.

4   제공하기 직전에 3을 파코젯에 돌리고, 스쿱으로 둥글게 떠서 그릇에 담는다. 캐러멜라이즈드 카카오닙스***를 올리고, 따끈한 소금 캐러멜 소스****를 끼얹는다.

*   스모크 시럽: 물과 그래뉴당을 섞은 시럽을 용기에 넣고, 방금 잉걸불이 되어 연기가 나는 장작에 하루 정도 훈연한다.

**   수제 크렘 프레슈: 생크림(유지방분 47%)에 요구르트를 넣고 발효시킨다.

*** 캐러멜라이즈드 카카오닙스: 물과 그래뉴당을 섞은 시럽과 카카오닙스를 같은 비율로 섞어 진공 팩에 넣는다. 물을 부은 압력솥에 넣어 불에 올리고, 2시간 동안 압력을 가한다. 카카오닙스를 건져내서 고소해질 때까지 기름에 튀기고, 배트에 펼쳐 식힌다.

**** 소금 캐러멜 소스: 냄비에 소금과 그래뉴당을 넣어 불에 올리고, 캐러멜색이 나면 불을 끈다. 1에서 장작의 향을 우린 생크림을 넣고 섞는다. 차가운 수제 발효 버터를 조금씩 넣으며 섞어 걸쭉하게 만들고, 마무리로 훈제 소금(160쪽 참조)을 넣는다.

일본의 프랑스 요리 전문점에서 경력을 쌓은 후, 미국으로 건너가 근무한 곳이 샌프란시스코의 세븐입니다. 프랑스 요리를 기반으로 동양의 식재료도 사용하며 장작불 조리를 통해 온갖 재료의 맛에 깊이 파고드는 이곳에서, 저의 요리 철학이 뒤집힐 만큼 충격을 받았습니다. 거의 모든 요리에 장작불을 활용하고, 익숙한 재료에서 처음 느끼는 맛을 접하느라 하루하루가 즐거웠습니다. 그 감동을 전하고자, 귀국 후 장작불 요리 전문점을 열기로 결심했습니다.

장작불 요리의 매력은 장작 특유의 향을 입힐 수 있고, 장작만이 낼 수 있는 깊은 풍미를 표현할 수 있다는 점이라 생각합니다. 또한 익힘 정도가 어제와 오늘이 결코 같을 수 없고 온도계에도 타이머에도 의존하지 않으며 오로지 나의 감각만으로 장작불과 마주해야 하는 것은, 가장 어려우면서도 가장 흥미로운 점일지 모릅니다.

현재 건물은 2층부터 위는 주거지이고 주변에 맨션도 많아서, 장작불 설비를 제작할 때 특히 주의를 기울여 준비해 나갔습니다. 소방서의 체크 사항을 미리 확인하고, 장작 화덕 배기 그을음 제거 장치도 설치하고…. 예상보다 더 힘들었던 것은, 원래 2층의 마루 밑에 있던 연통을 4층까지 연장하는 공사였습니다. 지금은 주변 분들에게 연기와 냄새 같은 클레임이 들어오지 않으니, 결과적으로는 정답이었지요. 난로도 청결에 신경 쓰고자 탄 자국이 눈에 띄지 않는 검은색 내화 내열 벽돌을 사용하고, 장작을 태우는 공간은 절반을 둘러싸서 뜨거운 불똥이 손님 자리까지 거의 튀지 않게 만들었습니다. 세븐에서 근무하던 시절에 잿더미 청소로 고생했던 기억 때문에, 난로 바닥에 구멍을 내어 아래에 재를 모을 수 있는 서랍도 설치했습니다.

오너 셰프

무라노 도시카즈

1981년 도쿄 출생. '레페르베상스', '에스키스' 등 주로 프랑스 요리 전문점에서 약 13년간 경력을 쌓았다. 2008년과 2016년에 미국으로 건너가, 2016~17년 샌프란시스코 세븐에서 근무하며 페이스트리 셰프도 담당했다. 귀국 후 2019년 가나가와 가마쿠라에 독립 개업했다.

09

돈 브라보

Don Bravo

주소   도쿄도 조후시 고쿠료초 3-6-43

영업시간   점심 12:00~15:00(라스트 오더 14:00),

저녁 18:00~23:00(라스트 오더 22:00)

정기 휴일   수요일, 목요일

메뉴   점심 세트 1,595엔~, 저녁 오마카세 코스 13,200엔

객단가   점심 2,500엔, 저녁 2만엔

좌석 수   카운터 2석, 테이블 17석

장작불 조리 설비 제작 비용   피자용 장작 화덕: 약 140만엔,

소형 장작 구이대: 30만엔

장작불 조리 설비 시공   피자용 장작 화덕: (동)야마미야카마도공업소,

소형 장작 구이대: 마스다벽돌㈜

1개월 장작 비용과 사용량   10만엔(약 1t)

장작 보관 장소   장작 화덕 아래

수종   졸참나무, 삼나무

1 점내의 모습. 사진의 우측 안쪽이 장작 화덕을 갖춘 오픈 키친.

2 오너 셰프 다이라 마사카즈 씨.

3 잉걸불 조리의 경험을 쌓기 위해 도입했다는 특별 주문품 소형 구이대. 폭 22cm×안길이 30cm×높이 35cm로, 세팅하는 높이를 4단계로 조절할 수 있는 철제 상자에 잉걸불을 넣고, 그 위에 두툼한 철제 그릴을 올려 재료를 굽는다.

4 지름 26cm 피자 2장을 동시에 구울 수 있는 내경 90cm의 장작 화덕. 건물 옥상으로 통하는 배기관으로 화덕 내의 공기를 빨아올린다. 영업 시 화덕 내부 온도는 400~450℃이고, 바닥 온도는 약 400℃이다. 점포의 연휴로 화덕 사용을 잠시 중단했을 때는, 영업 개시 전날부터 불을 넣어 화덕을 데운다.

주력 메뉴 중 하나인 피자를 굽기 위해, 개업 시 장작 화덕을 설치한 이탈리아 요리 전문점인 돈 브라보. 화덕 내부의 돔 부분은 철제 틀로 형태를 만들고, 그 안쪽에 내화 내열 벽돌을 단단히 붙인 구조이다. 화덕 바닥에는 돌판을 4장 깔았는데, 장작을 태우는 지정 위치인 좌측 안쪽의 1장은 열화되면 교환하기 편한 일본제, 그 외 3장은 열전달이 잘되는 이탈리아제이다. 사용하는 장작은 불쏘시개용 가느다란 삼나무와 잉걸불이 되는 굵은 졸참나무. 영업 중 화덕 내부 온도는 400~450℃까지 오른다.

피자용 장작 화덕은 안에서 태우는 장작 불꽃과 잉걸불, 화덕 내 벽돌과 벽에서 나오는 복사열과 바닥에서 올라오는 열을 이용해 피자와 재료의 모든 면을 매우 고온으로 가열하기 적합하다. 하지만 한 번에 많은 열을 받으면 재료에 스트레스를 주므로, 기본적으로 섬세하게 익히기에는 좋지 않다. 그래서 다이라 씨는 이전부터 피자 이외의 요리에는 장작 화덕을 비장의 무기로(예를 들어 생강을 화덕 안에서 탄화시켜 요리의 맛을 살리는 재료로 활용하거나, 화덕 안에서 장작의 연기를 재료에 순간적으로 입힐 때) 이용해 왔다. 그러나 장작 화덕의 새로운 활용법을 찾은 끝에, 여기서 소개한 페가텔리의 닭 간처럼, 최근에는 재료를 섬세하게 익힐 때도 사용하게 되었다. 또한 잉걸불에서 나오는 열로만 굽는 환경을 만들고자 풍로 위에 놓을 수 있는 소형 잉걸불 조리용 구이대를 특별 주문해, 덩어리 고기나 주키니호박 등을 익힐 때 사용한다. '지금은 장작불을 여러 조리법 중 하나로 쓰고 있지만, 언젠가는 장작불 자체를 콘셉트로 내세운 가게를 열고 싶다'라는 목표로, 날마다 연구를 거듭하고 있다.

주키니호박 장작 구이

장작으로 구운 주키니호박 아래에 잘 어울리는 여러 재료와 소스를 숨겨서, 끝부터 잘라가며 먹는 내내 맛의 변화를 즐기는 요리. 아래에 깔아둔 것은 요리 전체에 감칠맛과 짭짤한 맛을 주는 안초비, 산뜻한 코리앤더 풍미의 살사 베르데, 크리미한 부라타, 감칠맛을 디하는 어란 파우더. 주키니호박은 식감과 수분을 최내한 긴직히도록 고온의 잉걸불로 단시간에 굽고, 마무리로 버터를 발라 매끈한 질감과 고소한 향을 추가한다. 장작으로 구워 따끈따끈한 느낌, 스피디한 조리, 다양한 재료의 조합으로 다이라 씨가 생각하는 '이탈리아 요리다움'을 표현했다.

주키니호박 굽는 과정은
PART 2(66쪽)에 게재

만드는 법

1 주키니호박 양 끝을 잘라내고, 세로로 반을 잘라 모서리를 다듬는다.

2 소형 잉걸불 조리용 구이대의 그릴을 오븐에 넣어 달군다. 올리브유를 적신 종이로 닦아서 기름이 스며들게 한다.

3 피자용 장작 화덕에서 만든 매우 고온의 장작 잉걸불을 담은 철제 상자를 2의 구이대 맨 윗단에 세팅한다.

4 그릴에 주키니호박의 단면이 아래로 가게 놓고, 연하게 구운 색이 나면 면을 뒤집어 7분 정도 굽는다.

5 주키니호박 단면에 소금(말돈 씨솔트)을 뿌리고, 앞면에 수분이 배어 나오면 면을 뒤집는다. 잉걸불을 담은 철제 상자를 맨 아랫단으로 옮기고, 면을 뒤집으며 3~6분 정도 굽는다.

6 접시에 안초비를 가로로 파도 모양으로 놓고, 오른쪽 반쪽에 코리앤더를 넣은 살사 베르데, 왼쪽 반쪽에 물기를 뺀 부라타를 담는다. 가운데에 어란 파우더를 뿌린다.

7 5의 주키니호박 단면에 녹인 버터를 바르고, 면을 뒤집는다. 잉걸불에서 피어오르는 연기를 쐬면서 1분 정도 가열하고 불에서 내린다.

8 7의 주키니호박 단면이 아래로 가게 6의 위에 올린다.

주키니호박을 담기 전 접시의 모습. 가로로 파도 모양으로 깔아둔 것이 안초비, 오른쪽의 녹색 페이스트가 코리앤더 풍미의 살사 베르데, 왼쪽의 하얀 것이 부라타. 가운데에 뿌린 노란 가루가 어란 파우더.

만드는 법

1. 장작불 오일을 만든다. 작지만 깊은 내열 용기에, 장작 조각을 넣었을 때 잠길 듯 말 듯 한 양의 생참기름을 붓는다. 용기 아래에 용기 전체를 감쌀 수 있는 크기의 알루미늄 포일을 깐다.

2. 벌겋게 빛나는 장작 잉걸불(**A**)을 1의 용기에 넣고(**B**), 피어오르는 연기와 함께 곧바로 알루미늄 포일로 감싸서(**C·D**) 그대로 한나절~하루 동안 상온에 둔다. 열었을 때 향이 부족하면 충분히 향이 우러날 때까지 그대로 더 두거나, 잉걸불을 추가해 향을 보충한다.

3. 체에 두툼한 키친타월을 겹쳐서 깔고, 2를 부어서 거른다(**E·F**).

4. 수제 소프레사타를 약 5mm 두께로 썬다.

5. 초밥용으로 손질한 방어를 약 8mm 두께로 썬다. 전체에 엑스트라 버진 올리브유를 바르고, 한쪽 면에 소금을 뿌린다.

6. 접시에 회향 샐러드*를 담고, 그 위에 회향 퓌레**를 끼얹는다. 그 위에 4의 소프레사타와 5의 방어를 교대로 올린다. 방어 위에 3의 오일을 떨어뜨리고, 이부리갓코 파우더***를 모든 면에 뿌린 후 자른 레몬을 곁들인다.

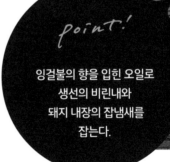

point!

잉걸불의 향을 입힌 오일로 생선의 비린내와 돼지 내장의 잡냄새를 잡는다.

---

* 회향 샐러드: 얇게 썬 회향을 소금, 엑스트라 버진 올리브유, 화이트 발사믹 식초, 살사 베르데에 버무린다.

** 회향 퓌레: 회향을 얇게 썰어 진공 팩에 넣고, 중탕으로 익힌다. 급랭해서 믹서에 갈아 퓌레를 만들고, 중량의 2/3만큼의 감자 퓌레, 소량의 설탕을 넣고 더 갈아준다.

*** 이부리갓코 파우더: 수제 이부리갓코(일본식 훈제 무절임)를 말려서 믹서에 갈아 파우더 형태로 만든다.

소프레사타, 방어

방어의 감칠맛과 날생선만의 신선함을 살리면서, 특유의 비린내를 잡기 위해 장작 잉걸불로 깔끔한 훈연향을 입힌 장작불 오일을 뿌려, 생선을 실제로 훈연하지 않으면서도 비린내를 커버했다. 곁들임 요리는 생방어의 탱글한 식감과 상통하는, 다진 돼지 귀와 혀를 양념해서 젤리처럼 굳힌 토스카나 향토 요리 소프레사타. 장작불 오일의 향은 돼지 내장의 냄새를 완화하는 역할도 한다. 아래에는 산뜻한 회향 샐러드와 퓌레를 깔고, 방어 무조림에서 착안해 조합한 이부리갓코(일본식 훈제 무절임 - 옮긴이) 파우더로 훈연향을 더해 마무리했다.

페가텔리

페가텔리는 토스카나에서 처음 만들어진 중부 이탈리아의 향토 요리로, 돼지 간을 돼지 지방막(網脂, 내장을 감싸고 있는 그물 모양 지방)으로 감싸서 월계수 잎, 회향과 함께 구운 것이다. 다이라 씨는 뭉근하게 익혀 간의 매끈한 식감을 최대한 살리기 위해, 장작 화덕 입구에서 굽는 방법을 택했다. 여기서는 '신선한 것을 구할 수 있어서 품질도 좋다'는 닭 간을 사용해, 장작 화덕 속이라도 150~200℃로 온도가 낮은 입구에서 천천히 구워 간에 몽글한 식감을 냈다. 마무리로 월계수 잎을 덮어 오일을 뿌리고 화덕의 약간 안쪽에서 고온을 쬐어, 그을린 월계수 잎과 태운 오일에서 나오는 연기로 훈연해 풍부한 향을 입혔다.

만드는 법

1 닭 간을 중량 1%만큼의 소금, 8%만큼의 레드 와인 비니거, 적당량의 백후추, 생로즈메리, 건조 월계수 잎으로 3시간 동안 절인다.

2 1의 간을 2~3개씩 돼지 지방막으로 감싸서 타원형으로 만든다.

3 건조 월계수 잎 2장을 2의 양옆에 대고 쇠꼬치 2개로 고정한다(A).

4 3을 다리가 달린 스테인리스 석쇠에 올리고, 달궈진 장작 화덕 입구 근처에 놓는다(B). 지방막 전체가 균일하게 고소하고 노릇해지도록, 위아래를 뒤집으며 약 10분간 화덕 안의 복사열로 천천히 익힌다. 또한 간이 부서지지 않게 위아래로 뒤집는 횟수를 최소한으로 한다. 화덕 안에는 약한 잉걸불이 쌓여있고, 장작 1개에서 불꽃이 피어올라 400℃ 보다는 높은 상태이다. 겉면이 바로 탈 정도로 화력이 너무 강하면, 장작과 잉걸불에서 멀리 떨어뜨리거나 불에 닿는 방향을 바꿔준다(C).

5 지방막에 구운 색이 예쁘게 나고 겉면이 탱탱하며 속까지 완전히 익기 직전의 탄력이 생겼으면, 잠시 화덕에서 꺼내서 건조 월계수 잎을 새로 올리고 올리브유를 뿌린다(D).

6 5를 장작 화덕의 약간 안쪽에 넣고, 월계수 잎을 그을리며 올리브유에서 피어오르는 연기를 입힌다(E).

7 화덕에서 꺼내 쇠꼬치를 빼고, 반으로 자른다. 그을린 월계수 잎과 함께 접시에 담는다. 소금(짠맛이 강한 것)과 고춧가루를 뿌리고, 엑스트라 버진 올리브유(풋풋한 풍미가 강한 것)를 뿌린다.

point!

닭 간의 매끈하고
몽글한 식감을
최대한 끌어내기 위해
장작 화덕의 입구에서 익힌다.

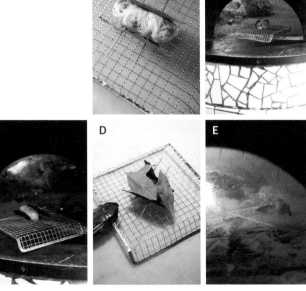

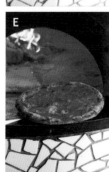

피자 마리나라

다이라 씨의 말에 의하면, '피자 반죽을 장작 화덕에 구우면 구운 색을 탄 것에 가깝도록 진하게 내도 불쾌한 쓴맛이 나지 않고, 오히려 반죽을 그을려야 밀가루의 단맛이 강하게 느껴진다. 장작 연기의 훈연향과 구운 밀가루 향의 궁합도 좋다'고 한다. 장작불로 피자에 입혀진 강한 풍미와의 밸런스를 위해, 반죽에는 전립분과 유청을 넣어 향과 감칠맛을 높인다. 마리나라처럼 토핑하는 재료와 맛의 요소가 적은 심플한 피자는 반죽 본연의 맛이 장작불에 의해 돋보이기 때문에, 이곳에서는 시그니처 메뉴로 선보이고 있다.

만드는 법

1   볼에 양파물*, 유청, 소금을 넣고, 소금을 녹인다.

2   믹싱볼에 1, 강력분(헤이와제분㈜ 제품 니시노카오리), 전립분(이바라키현 우시쿠 아베농원 제품 유메카오리), 요구르트 효모**, 이전에 만든 피자 도우를 넣어 섞고, 귓불보다 부드러운 굳기로 반죽한다.

3   2를 175g(1판 분량)씩 분할해서 둥글리고, 발효 상자에 간격을 두어 늘어놓는다. 젖은 면포를 덮어 냉장실에서 2일간 발효시킨다.

4   3을 상온 상태로 만들고, 덧가루를 뿌려서 손으로 지름 26cm 원형으로 늘인다.

5   4의 가장자리를 제외한 모든 면에 토마토소스를 바르고, 건조 오레가노를 뿌린다. 안초비 소스***를 군데군데 떨어뜨리고, 마늘 슬라이스를 흩뿌린다. 강판에 간 그라나파다노 치즈를 고루 뿌리고, 엑스트라 버진 올리브유를 두른다(A).

6   장작 화덕 안을 확인해 타고 있는 장작을 1개부터 몇 개 넣고, 화력이 강한 잉걸불을 가득 채워서 450℃에 가까운 매우 고온으로 만든다(B). 5를 넣고, 반죽이 바삭해지고 구운 색이 탄 것에 가깝도록 진하게 날 때까지 1분 30초 정도 굽는다(E). 굽는 위치는 그때 화덕이 달궈진 상태에 따라 바꿔주는데, 온도가 낮을 때는 화덕의 우측 안쪽(C), 온도가 높을 때는 화덕 바깥쪽(D)에 놓고 굽는다.

---

*   양파물: 적당히 썬 양파와 물을 믹서에 갈고 2일간 냉장실에 넣었다가 체에 거른다.

**   요구르트 효모: 나가노현 마쓰모토의 시미즈 목장에서 생산한 요구르트로 만든 수제 효모를 베이스로, 이탈리아산 천연 효모를 더한다.

***   안초비 소스: 다진 마늘을 볶다가 안초비를 넣어 풀어주고 믹서에 간다.

point!

심플한 피자를 장작불로 구워, 더욱 돋보이는 반죽 본연의 맛을 즐기게 한다.

가토 쇼콜라

보편적인 디저트에 장작 잉걸불과 연기를 가미해서 식감의 대비, 색다른 온도감, 스모키한 향을 더해, 신선한 인상을 주었다. 냉동한 가토 쇼콜라를 얼린 그대로 장작 화덕 입구에서 데워 겉은 바삭, 속은 진득한 식감을 냈다. 장작과 나무껍질에 오일을 떨어뜨려 피어오르는 연기를 입혀, 초콜릿과 궁합이 좋은 스모키한 향을 품게 했다. 카카오닙스와 한 알의 소금으로 맛을 더욱 살린다. 제공하기 직전에 입가심으로 칼라만시 비니거의 산미를 첨가한 마스카르포네 베이스의 아이스크림(사진 오른쪽 위)을 내는 것도 포인트. 먼저 입안을 산뜻하게 만든 다음, '어디서도 먹어보지 못한' 가토 쇼콜라의 맛을 즐긴다.

A

B

만드는 법 ※ 길이 24cm×폭 6cm×높이 4.5cm 파운드케이크 틀 1개 분량

1 볼에 커버춰(발로나 제품 과나하. 카카오 함량 70%) 200g과 버터 170g을 담고, 중탕으로 녹인다.

2 다른 볼에 전란 180g, 그래뉴당 70g을 넣고 섞으며 그래뉴당을 녹인다.

3 1에 2를 넣고 섞으며 유화시키고, 파운드케이크 틀에 부어 넣는다. 알루미늄 포일로 뚜껑을 만들어 중탕에 올리고, 180℃ 오븐에서 30분간 가열한다. 15분쯤 지난 도중에 틀을 돌려서 앞뒤의 위치를 바꾼다.

4 한 김 식으면 냉장실에서 차갑게 만들고, 1.5cm로 두께로 썰어 냉동한다.

5 온도가 조금 떨어진 장작 화덕의 잉걸불을 화덕 입구 근처에 조금만 옮겨서 부순다. 거기에 작은 졸참나무 장작과 나무껍질을 넣는다. 얼어있는 4를 다리가 달린 스테인리스 석쇠에 올리고, 부순 잉걸불 바깥쪽에 놓는다. 장작과 나무껍질에 올리브유를 뿌려 연기를 내고(A), 연기의 향을 입히며 겉면을 가열한다.

6 방향과 잉걸불과의 거리를 조절하며 가열하다가(B), 겉면은 따끈하면서 바삭하고 속은 따끈하면서 진득해지면 불에서 내린다. 접시에 담고, 위에 카카오닙스와 소금(스페인산) 한 알을 얹는다.

7 다른 그릇에 아카시아꽃 시럽을 적신 카스텔라를 깔고, 칼라만시 비니거 아이스크림*을 담아 먼저 내고, 곧바로 6을 제공한다.

---

* 칼라만시 비니거 아이스크림: 물, 설탕, 물엿을 함께 끓인 후 급랭한다. 차가워지면 증점제(비도픽스)를 넣고 핸드 믹서로 섞는다. 마스카르포네와 칼라만시 비니거를 순서대로 넣으며 섞고, 촘촘한 체에 거른 후 냉동한다.

저희 레스토랑의 간판 메뉴인 피자 이외의 요리에
도 장작을 활용하고자, 개업 후에도 장작불 조리를
하는 레스토랑에서 연수를 받았습니다. 처음에는
단순히 요리의 폭을 넓힐 목적이었지만, 서서히 장
작의 열량과 열의 질로만 낼 수 있는 표현법에 빠져
들게 되었지요. 예를 들어 앞서 소개한 '주키니호박
장작 구이'는 고온이면서도 재료를 뭉근히 익히는
장작 잉걸불의 특성을 이용한 요리로, 단시간에 익
혀 재료의 신선함을 유지하면서도 따뜻한 온도로
제공합니다. 그 속도와 갓 구워진 느낌은 제가 생각
하는 '이탈리아 요리다움'을 나타내며, 장작불을 공
부할수록 단순한 요리와 재료라도 장작불의 힘으
로 손님에게 감동을 줄 수 있다는 사실을 깨닫고 있
습니다. 지금은 단순한 요리와 복합적인 구성의 요
리를 적절히 혼합해 코스에 완급을 주고 있습니다.

장작불은 인간이 하는 가열 조리의 근원입니다.
이러한 오래된 기술에 제가 터득한 기술과 상상력
을 더하는 일은 매우 창의적인 작업이라고 생각합
니다. 장작을 열원으로 삼아 이를 통해 표현할 수
있는 개성, 향 등을 다양하게 연구하며 새로운 요
리를 만들어 낼 수 있기 때문입니다. 여기에 소개한
잉걸불 자체의 향을 오일에 입힌 장작불 오일이 좋
은 예입니다. 장작의 연기와는 달리 깔끔한 향을 즐
길 수 있지요. 언젠가는 장작불 요리 전문점을 여는
것도 생각하고 있어서, 4년 전에 들인 잉걸불 조리
용 구이대로 계속 연습하고 있습니다. 입으로 느끼
는 맛은 물론, 타오르는 장작불과 거기서 익어가는
재료의 모습을 눈으로 보며 즐기고, 온도를 피부로
느끼며, 맛을 오감으로 체험하는 공간을 만들고 싶
습니다.

오너 셰프

다이라 마사카즈

도쿄 히로오에 있던 '아카'(현재 오카야마로 이
전) 등에서 근무하다, 2004년에 이탈리아로 건너
가 밀라노 등지에서 3년간 경력을 쌓았다. 귀국
후 피자를 주력으로 하는 도쿄의 이탈리아 요리
전문점에서 셰프로 근무하고, 2012년에 도쿄 고
쿠료에 독립 개업했다. 이곳 외에도 피자 전문점
'크레이지 피자'를 운영 중이다.

알라르데

Alarde

주소 오사카부 오사카시 니시구 아와자 1-14-4

영업시간 날에 따라 다르지만, 18:30 또는 19:00에 일제히 시작할 때가 많음.

대관은 17:00~에 대응 가능

정기 휴일 일요일, 공휴일

메뉴 오마카세 코스 16,500엔(세금 포함)

객단가 25,750엔

좌석 수 카운터 8석, 테이블 6석

장작과 숯 조리 설비 제작 비용 난로: 100만엔,

난로 바닥 아래의 팬과 난로 내부 선반 증설: 30만엔

장작과 숯 조리 설비 시공 (유)시티크래프트

1개월 장작·숯 비용과 사용량 장작 3,600엔(20kg), 숯 21,000엔(60kg)

장작 보관 상소 찜포 입구 옆

장작 수종 졸참나무, 떡갈나무 등 활엽수

1 오픈 키친 안에 배치한 장작 숯불용 난로. 내부에는 그릴을 설치하는 철제 틀이 있어, 핸들로 난로 바닥을 위아래로 움직여 그릴과 불의 거리를 조절한다. 열을 오래 간직하고 난로에서 밖으로 나오는 열을 차단하기 위해 문을 설치한 것 외에, 철제 틀에 경사를 주어 그릴 도랑에 고인 고기 기름을 밖으로 편하게 흘려버리도록 하는 등 다양한 아이디어를 담아 제작했다. 개업 후에도 편하게 불을 피우도록 팬을 난로 바닥 아래에 설치하는 등 개량을 거듭하고 있다.

2 카운터 석 외에 깊은 안쪽에 테이블 석도 마련되어 있다.

3 오너 셰프 야마모토 요시쓰구 씨는 아르헨티나의 레스토랑에서 장작불 조리를, 일본의 스페인 요리 전문점에서 숯불 조리를 경험했다.

오사카 혼마치에 우두커니 서 있는 스페인 바스크 요리 전문점 알라르데의 오너 셰프, 야마모토 요시쓰구 씨는 아르헨티나에서 장작불 조리를 경험하고, 바스크에서도 고기와 해산물, 채소를 굽는 법을 상세히 배웠다. 2016년 독립 개업 시 직접 조리용 난로를 설계해 시공사에 특별 주문하고, 원가 절감과 환경에 대한 배려로 장작과 함께 숯불도 병용하는 장작 숯구이를 시행하고 있다. 불을 피운 숯 위에 장작을 지펴서 조리하는 스타일로, 8~9가지 오마카세 코스에는 '활활 타는 불꽃으로 스모키하게 굽는 요리', '잉걸불로 섬세하게 만드는 요리', '포도나무 가지로 훈연해 향을 입히는 요리' 순으로 구성해, 장작 불꽃부터 사그라진 잉걸불의 열까지 모두 활용한다.

야마모토 씨에게 있어 열원의 주인공은 장작이고, 숯은 재료를 익히는 동안 난로와 장작의 온도를 유지하는 역할을 맡는다. '만에 하나, 도중에 장작이 다 타버려도 숯불이 있어서 안심이 되고, 그렇기에 조리도 서비스도 혼자서 해낼 수 있다'라는 것이다. 재료를 익힐 때는 숯불의 복사열과 원적외선의 효과도 활용하는데, 숯불로 조리하면 재료가 마르기 쉬워서 레몬즙과 기름을 섞은 조미액으로 보습하며 굽는 것에 신경 쓴다. 또한 '장작과 숯만 고집하지 말고, 필요할 때만 효율적으로 장작과 숯을 활용하자'라는 생각에, 재료 준비는 가스레인지와 오븐으로 하고, 코스를 일제히 시작하고 손님이 모두 모인 후에 장작과 숯에 점화하는 것도 이곳의 특징이다. 장작은 불이 오래가는 졸참나무, 떡갈나무 등의 활엽수를 웹사이트로 구매하고, 1개월 사용량을 20kg 정도로 제한하고 있다. 숯은 환경에 대한 배려로 톱밥을 굳힌 성형 목탄(톱밥탄)을 사용하는데, 그중에서도 불이 오래가고 화력이 강한 제품을 채택한다.

핀초스 꽃새우 장작 숯구이

입에서 살살 녹는 브리오슈 위에, 쫀득한 질감으로 구운 꽃새우를 올린 핑거 푸드. 꽃새우는 알루미늄 포일로 감싸서 잉걸불로 찌듯이 구워 50% 정도 익힌 후, 포일을 벗기고 '껍질에 장작 불꽃의 끝을 대는 느낌'으로 더 굽는다. 이때 난로 바닥에서 숯 잉걸불 위에 장작을 태우고, 장작 불꽃 끝으로 껍질을 구워 새우 특유의 쫀득한 식감을 해치지 않게 단시간에 고소한 훈연향을 입힌다. 브리오슈와 꽃새우 사이에는 옐로 카레와 아이올리 소스를 섞은, 매콤하면서 '스페인다운 풍미'를 표현한 소스를 넣는다.

만드는 법

1   꽃새우에 소금을 뿌리고 아구아 데 루르데스*를 끼얹었다. 종이 포일로 새우를 말고(**A**),
    다시 알루미늄 포일로 감싼다.

2   장작을 태워 잉걸불을 만들고, 잘게 두드려 부숴서 난로 바닥에 펼친다.

3   2의 위에 1을 놓고(**B**), 약 1분 후에 위아래를 뒤집는다(**C**). 알루미늄 포일이 손으로 겨우
    만질 수 있을 만큼 데워지면 불에서 내린다.

4   3의 알루미늄 포일과 종이 포일을 벗기고, 눈이 큰 손잡이 석쇠에 새우 등 쪽이 아래로
    가게 늘어놓는다. 미리 지펴둔 숯 잉걸불 위에서 태우는 장작에 올린 그릴에 석쇠째 놓
    고 굽는다(**D**). 껍질이 구워지면서 고소한 향이 나면 불에서 내린다(**E**).

5   약 2cm 두께로 썬 브리오슈를 촘촘한 석쇠에 놓고, 불꽃이 잦아든 잉걸불 위에 올린 그
    릴에 놓고 토스트한다(**F**).

6   5의 브리오슈를 3cm 폭으로 자르고, 차가운 옐로 카레 아이올리 소스**를 짠다. 4의 새
    우의 껍질을 벗겨 2개를 늘어놓고, 껍질에 고인 육즙을 짜서 끼얹었다. 접시에 담는다.

---

*   아구아 데 루르데스: 스페인 바스크의 혼합 조미액. 물에 레몬즙, 화이트 와인 비니거, 올리브유, 다카노
    쓰메 고추, 으깬 마늘, 흑후추, 소금을 넣고 섞는다. 사용하기 전에 잘 저어준다.

**   옐로 카레 아이올리 소스: 향신 채소와 여러 향신료, 생강, 코코넛 밀크를 가열해 페이스트를 만들고,
    오븐에 까맣게 구워 껍질을 벗긴 노란 파프리카를 페이스트로 만들어 함께 섞는다. 이를 아이올리 소스
    에 넣고 섞는다.

point!

장작 잉걸불 위에서
찌듯이 구운 후
장작 불꽃에 더 구워서,
새우 특유의 식감과
고소한 향을 끌어낸다.

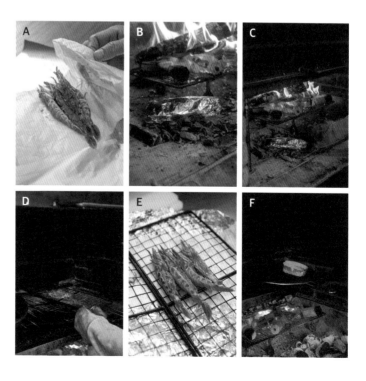

대합 장작 숯구이 살사 베르데

스페인식 살사 베르데는 생선 국물에 생선과 바지락, 채소를 넣어 끓이고, 이탈리안 파슬리를 더한 바스크 전통 요리를 말한다. 현지에서는 흰살생선을 중심으로 건더기를 풍성하게 넣는 가게도 많은데, 야마모토 씨는 장작과 숯에 구운 대합을 주인공으로 내세워 심플하게 만들었다. 대합은 숯 잉걸불 80%, 장작 잉걸불 20%를 깔아둔 화상 가까이에 대고 굽는다. 처음에는 숯에서 나오는 난로 내부의 복사열로 모든 면을 가열하다가, 대합의 입이 벌어지기 시작하면 '장작의 은은한 열을 껍데기 속으로 전달하며 훈연향을 입히는' 느낌으로 익힌다. 씹으면 입안에서 육즙이 터지는 대합에 걸쭉한 국물이 감기는 식감도 인상적이다.

point!

숯과 장작을 모두 이용한
가열의 효과를 발휘해
'대합을 가열'한다.

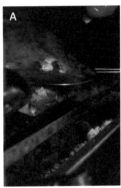
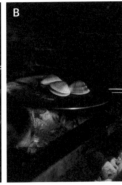

만드는 법

1   화상에 숯 잉걸불 80%와 장작 잉걸불 20%를 깔고, 핸들로 올려서 그릴에 가까이 댄다. 대합을 올린 촘촘한 석쇠를 그릴에 놓고 가열한다. 대합에서 수분이 흘러나와도 장작과 숯 위에 떨어지지 않도록 촘촘한 석쇠를 사용하는 것이다.

2   대합 입에서 수분이 부글부글 끓기 시작하면 아구아 데 루르데스(185쪽 참조)를 끼얹고(**A**), 면을 뒤집는다.

3   대합의 입이 반 정도 벌어질 때까지 기다리고(**B**), 불에서 내려 껍데기와 살을 분리한다(**C**).

4   소스 베이스*와 필필 소스**를 섞은 것을 데워서 그릇에 붓고, 3의 대합 살을 담는다. 다진 이탈리안 파슬리를 흩뿌린다.

---

*   소스 베이스: 마늘, 양파, 다카노쓰메 고추를 다져서 올리브유에 천천히 볶다가 얇게 썬 감자와 화이트 와인을 넣고 조린다. 금눈돔 뼈와 서덜로 낸 국물을 부어 채소가 흐물흐물해질 때까지 끓이고, 믹서에 갈아서 페이스트로 만든다.

** 필필 소스: 직접 말린 염장 대구를 물에 불린다. 올리브유와 함께 가열해 대구의 젤라틴 질을 기름에 녹이고, 믹서에 갈아서 유화시킨다.

point!

온도가 급격히 변하면
단단해지는 오징어를,
장작과 숯으로 온도를 유지하며
부드럽게 익힌다.

아로즈 크레모소

스페인에서는 주로 철판에 굽기 때문에, '급격히 가열하면 단단해지고 껍질이 잘 벗겨지는' 오징어를 장작과 숯으로 천천히 부드럽게 익혔다. 껍질을 벗기지 않아서 뽀득하게 씹히고, 살은 단맛이 돋보이고 촉촉한 식감이 난다. 굽기 직전에 부순 장작 잉걸불과 일정한 열량을 방출하는 숯 잉걸불로 먼저 껍질을 굽고, 반 정도 익으면 '금방 식고, 온도를 다시 높이면 딱딱해지고 단맛이 떨어지는' 오징어의 성질을 고려해 약 30℃의 장소에서 보온한다. 그사이에 요리의 다른 요소들을 마무리하고, 마지막에 오징어를 완성한다. 아로즈 크레모소(Arroz Cremoso)는 스페인의 대표적인 쌀 요리로 코스 중반에 제공한다.

만드는 법

1 오징어 다리와 다진 양파를 볶다가 쌀(카르나롤리 쌀)과 금눈돔 부이용을 넣고 끓인다. 한 김 식으면 냉장 보관한다.

2 햇양파를 쉬에(잘게 썬 채소에 버터를 두르고 색이 나지 않고 수분이 나오도록 익히는 조리법 - 옮긴이)하고, 버터와 함께 믹서에 갈아 햇양파 크림을 만든다.

3 냄비에 1과 2를 넣고, 파에야용 국물*을 붓고 끓인다.

4 눈이 큰 손잡이 석쇠 한쪽 면에, 껍질을 남기고 내장을 제거해 몸통을 가른 창오징어의 몸통과 다리를 펼쳐서 놓는다.

5 핸들을 돌려서 화상을 올리고, 4를 난로에 넣기 직전에 장작 잉걸불을 두드려 쪼개서 난로 바닥에 깔아준다. 껍질이 아래로 가게 4의 석쇠에 올리고, 철제 틀에 걸쳐서 장작과 숯 잉걸불 가까이에 대고 굽는다(A). 50% 정도 익으면 석쇠째 난로 내부 왼쪽 위의 선반으로 옮겨서 보온하고(B), 아구아 데 루르데스(185쪽 참조)를 끼얹는다. 그사이에 마무리로 3에 파에야용 국물을 더 넣어 맛을 내고, 저으면서 점도를 조절한다.

6 5의 오징어 껍질을 위로 놓고, 다시 철제 틀에 석쇠를 걸쳐서 잉걸불 가까이에 대고 굽는다(C). 몸통은 데워지면 불에서 내리고, 다리는 속까지 더 익힌다.

7 접시에 오징어 먹물 소스를 약간 깔고, 5의 쌀과 적당히 썬 6의 오징어를 담는다. 다진 차이브와 꽃을 흩뿌린다.

---

* 파에야용 국물: 금눈돔의 뼈와 서덜, 물, 토마토, 파프리카 파우더, 볶은 양파, 향신 채소를 끓여서 체에 거른다.

point!

숯과 장작 잉걸불을 병용해,
이상적인 껍질의 파삭함과
구워서 감칠맛을 끌어낸
생선살의 맛을 표현한다.

만드는 법

1 그린 아스파라거스의 겉껍질을 벗겨서 소금을 뿌리고 올리브유를 끼얹어 고루
   묻힌다. 눈이 큰 손잡이 석쇠에 올리고, 숯불 위의 철제 틀에 걸쳐서 굽는다(**A**).
   면을 뒤집고, 봉오리 끝에 바삭하게 구운 자국이 생기고 밑동~중심부의 겉면
   에서 아스파라거스 속의 수분이 배어 나오면, 불에서 내린다.

2 금눈돔 필레에 소금을 뿌려서 생선용 개폐식 석쇠에 올리고, 닫는다. 핸들을 돌
   려 화상 가까이에 대고, 껍질을 아래로 놓아 근접한 불로 굽는다(**B**). 이때 숯 잉
   걸불이 80%, 장작 잉걸불이 20%이다.

3 구운 색이 나고 껍질이 예쁜 오렌지색을 띠면 면을 뒤집는다. 핸들을 돌려 화
   상을 내려서 살을 멀리 떨어진 불로 굽는다(**C**). 이때 살에서 기름이 떨어져 불
   꽃과 연기가 피어오르지 않게 주의한다.

4 살이 60% 정도 익으면 불에서 내린다(**D**). 가위로 껍질을 자르고(**E**), 잘라낸 자
   리에 칼을 넣어 1장의 필레를 4등분으로 자른다.

5 데운 로메스코 소스*를 접시에 붓고, 피스트**를 담는다. 1의 아스파라거스와
   4의 금눈돔을 올린다.

---

*   로메스코 소스: 헤이즐넛과 아몬드를 구워서 절구로 분쇄한다. 토마토와 마늘을 담은 배트에
     엑스트라 버진 올리브유를 자작하게 붓고 오븐에서 익힌다. 믹서에 빵, 셰리 비니거, 분쇄한
     견과류를 넣고 오일과 함께 갈아준다.

** 피스트: 가지, 파프리카, 주키니호박을 깍둑 썰고, 올리브유로 볶아서 소금으로 간을 한다.

로메스코 소스를 곁들인 금눈돔 장작 숯구이

기름이 오른 시즈오카현 시모다산 금눈돔을 장작과 숯으로 굽는다. 숯 잉걸불 위에 장작 잉걸불을 올리고, 우선 껍질을 열원 가까이에 대고 파삭하게 굽는다. 접시에 담을 때 껍질을 가위로 조심스럽게 자르지 않으면 부스러질 정도로 굽는다. 면을 뒤집고, 살을 난로 바닥에서 약 15cm 떨어진 위치에서 천천히 뭉근하게 익힌다. '구운 생선의 맛'을 표현하기 위해, 속은 레어보다 더 익힌다. '내부에서 생선의 육즙을 크게 대류시킨다'는 느낌으로, 필레 1장을 자르지 않고 굽는 것도 포인트이다. 아스파라거스 숯불구이로 생선과 어우러지는 미네랄의 느낌을, 피스트로 계절감을 곁들였다. 견과류와 토마토가 든 로메스코 소스를 더해 화이트 와인에도 레드 와인에도 어울리는 생선 요리를 완성했다.

난고쿠 흑우 등심
장작 숯구이

난고쿠 흑우의 등심을 덩어리로 굽고, 식감과 풍미, 기름의 양이 각기 다른 네 부위로
나눠서 제공한다. 차가운 고기를 강한 장작 불꽃에 '핀포인트로 대는 느낌'으로 겉면을
구워 고소한 향과 구운 자국을 낸다. 한쪽 면을 구울 때마다 굽는 면을 위로 놓고 레스
팅해서 '구울 때 나온 육즙을 굽지 않은 면에 침투시켜 촉촉하게 만든다. 마지막에는
포도나무 가지 불꽃에 대고 온도를 올리는 동시에 과일 향을 은은하게 입혔다. 겉면에
는 바삭바삭하고 크리스피한 층이 생기고, 속의 붉은 살코기는 촉촉하면서도 충분히
익어서 씹을수록 맛있다. 향을 살리기 위해 소스를 끼얹지 않고, 소금만 곁들였다.

만드는 법

1   소고기(난고쿠 흑우) 등심 덩어리를 1인분 250g으로 인원수만큼 자르고, 손님
    에게 보여준다(이번에는 2㎏. 최소 1㎏부터 굽는다). 소금을 고루 뿌린다.

2   74쪽을 참고로 장작과 숯을 태우고, 장작 불꽃이 타오르는 상태(75쪽의 10번 공
    정)에서 불꽃이 큰 삼각형 모양으로 올라오면 불꽃 끝에 닿도록 철제 틀에 그
    릴을 놓고 달군다. 장작 1개를 바깥쪽에 조금 빼두면 불길이 퍼지므로, 그 불로
    그릴을 더욱 광범위하게 달군다. 완전히 달궈지면 1의 등심 비계가 안쪽을 향
    하게 그릴 깊숙한 곳에 놓고 굽는다.

3   비계가 구워지면 이번에는 180도로 돌려서 비계가 바깥쪽으로 향하게 그릴
    앞쪽에 놓고, 구운 색을 더 낸다(**A**). 여기까지 걸린 시간은 약 10분 전후.

4   내열 접시에 고기가 구워진 면을 위로 놓고, 난로 내부 왼쪽 끝의 따뜻한 장소
    에서 가열한 시간만큼 그대로 둔다(**B**).

point!

장작의 강한 불꽃으로
고기에 열을 핀포인트로 가한다.
소스를 곁들이지 않고,
부위별 풍미를 강조한다.

5 장작의 불꽃이 살아있을 때 아직 굽지 않은 면을 굽는다. 비계가 바깥쪽을 향하게 그릴 가운데에 놓고 고소하게 굽는다. 만약 이때 이미 불꽃이 꺼져서 잉걸불이 되었다면, 핸들을 돌려 난로 바닥 가까이에 대고 굽는다(**C**).

6 구운 색이 나면(**D**) 구워진 면이 위로 가게 내열 접시에 담고 난로 내부 왼쪽 끝에 두어, 다른 요리를 제공하는 동안 약 1시간 레스팅한다. 다른 요리에 장작을 사용하지 않는 동안에는 난로 문을 닫아서 보온한다.

7 숯 잉걸불을 난로 가운데에 모으고, 그 위에 포도나무 가지 10개를 적당히 꺾어서 놓는다. 불이 붙으면 가지를 八자로 놓고, 난로 아래에 있는 팬을 켜서 불길을 일으킨다. 고기를 그릴 위에 놓고 불꽃의 가운데에서 향을 입힌다(**E**).

8 아구아 데 루르데스(185쪽 참조)를 끼얹고(**F**), 암염을 뿌린다(**G**). 불꽃이 잦아들고 포도나무 가지가 잉걸불이 되면, 고기와 가까워지도록 난로 바닥을 올리고 열을 쬐어서 데운다.

9 고기를 불에서 내리고, 꽃등심, 새우살, 늑간살 등 살코기와 비계의 밸런스와 식감이 각기 다른 네 부위로 나눈다. 난로 바닥에 최대한 가깝게 댄 그릴 위에 모든 부위를 올리고, 마무리로 바삭하게 겉면을 데우면서 굽는다(**H**). 각각 1인분으로 썰어 접시에 담는다. 접시 한 구석에 굵은 소금(스페인 바스크의 아냐나 소금)을 흩뿌린다.

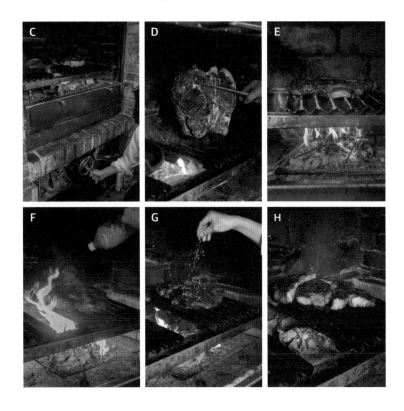

제가 생각하는 장작의 매력은 장작을 놓는 법에 따라 불꽃의 방향을 바꾸고, 바람을 불어넣어 화력을 높이며, 잉걸불의 양과 거리로 불을 조절하는 등 열을 내 마음대로 다룰 수 있다는 점입니다. 특히 재료를 익히기 시작할 때는 재료에 불꽃을 '점'으로 댈지 '면'으로 댈지 고민하며, 원하는 위치에 원하는 만큼 화력을 주어 열을 효율적으로 사용하려고 합니다.

장작과 숯을 병용하는 이유는 환경과 원가에 대한 배려 때문입니다. 장작을 장시간 태우면 이산화탄소를 계속 배출하게 되고, 가게 안이 더워지는 만큼 에어컨이라는 전자제품을 가동할 전력이 필요합니다. 게다가 장작의 가격도 오르고 있으니, 대량으로 사용하면 음식 가격을 인상할 수밖에 없습니다. 그래서 저희 레스토랑에서는 원가가 낮은 톱밥숯을 병용해서 장작 사용을 최소한으로 하는 방식을 택했습니다. 주요 열원은 장작과 포도나무 가

지이고, 숯은 항상 일정한 열을 유지하는 '숨은 조력자' 역할을 하는데, 조리하는 도중에 장작이 모두 타버리면 숯으로 변경해 조리하기도 합니다. 장작에만 연연하지 않고, 있는 열원을 낭비 없이 사용하며 그때마다 최선을 다해 조리하는 방법을 택해, 환경에도 이롭고 저 자신에게도 스트레스를 주지 않는 것을 중요시합니다.

나중에는 지금 있는 장작 숯용 난로에 더해 장작만으로 조리하는 장작 스토브를 도입하는 것도 염두에 두고 있습니다. 하지만 그렇다 하더라도 만약 장작 수급이 어려워지면 포도나무 가지와 숯만으로 조리하는 것도 고려하는 등, 상황에 맞춰 유연하게 대응할 예정입니다. 앞으로 장작불 조리에 집중하려는 사람이라면 장작과 다른 열원을 조합하는 것도 선택지에 넣고, 자신에게 맞는 방법을 찾아가면 좋을 듯합니다.

오너 셰프
야마모토 요시쓰구

1976년 나라현 출생. 일본 요리 전문점을 거쳐, 2000년 아르헨티나 부에노스아이레스로 건너가, 현지의 일본 요리 전문점에서 근무했다. 우루과이 등을 거쳐 스페인 바스크의 스페인 요리 전문점 '알라메다'에서 3년 정도 경력을 쌓았다. 2008년에 귀국해, 스페인 요리 전문점 '에초라'의 셰프 등을 거쳐 2016년에 독립 개업했다.